羊病诊治实操图解

席克奇　安国锋　李柏岁　李砚良
曹　爽　杨　芳　高　聪　李　婷　编著

机械工业出版社
CHINA MACHINE PRESS

本书以"看图识病、类症鉴别、综合防治"为目的,从生产实际和临床诊治需要出发,结合笔者多年的临床教学和诊疗经验进行介绍,内容包括羊传染病的流行与防控、羊病毒性传染病的鉴别诊断与防治、羊细菌性传染病的鉴别诊断与防治、羊寄生虫病的鉴别诊断与防治、羊中毒性疾病的鉴别诊断与防治、羊营养代谢病的鉴别诊断与防治、羊其他普通病的鉴别诊断与防治。

本书图文并茂,语言通俗易懂,内容简明扼要,注重实际操作,可供养羊生产者及畜牧兽医工作人员使用,也可作为农业院校相关专业师生教学(培训)用书。

图书在版编目(CIP)数据

羊病诊治实操图解 / 席克奇等编著. — 北京:机械工业出版社,2022.11
ISBN 978-7-111-71713-3

Ⅰ.①羊… Ⅱ.①席… Ⅲ.①羊病 – 诊治 – 图解 Ⅳ.① S858. 26-64

中国版本图书馆CIP数据核字(2022)第180204号

机械工业出版社(北京市百万庄大街22号 邮政编码100037)
策划编辑:周晓伟 高 伟 责任编辑:周晓伟 高 伟 刘 源
责任校对:韩佳欣 张 薇 责任印制:张 博
保定市中画美凯印刷有限公司印刷

2023年1月第1版第1次印刷
190mm × 210mm · 8.833印张 · 223千字
标准书号:ISBN 978-7-111-71713-3
定价:69.80元

电话服务 网络服务
客服电话:010 – 88361066 机 工 官 网:www.cmpbook.com
010 – 88379833 机 工 官 博:weibo.com/cmp1952
010 – 68326294 金 书 网:www.golden–book.com
封底无防伪标均为盗版 机工教育服务网:www.cmpedu.com

前　言

　　我国是世界上的养羊大国，据资料统计，2021 年我国养羊存栏达 31969 万只。羊是食草类牲畜，具有较高的食用营养价值和工业应用价值，是当前国家大力提倡发展的养殖门类，随着我国农村经济的发展和人们消费水平的提升，养羊业日益成为农业和农村经济结构调整的一个重要方向。

　　我国广大中部传统农区特别是粮食主产区，饲料资源十分丰富，具有发展养羊业的良好天然条件。而且羊主要利用落叶枯草，不与牛争食，对精料需求少，适合家庭饲养，具有投入少、见效快、收益高的特点，是促进粮食主产区农民增收的一个重要选择，在当前乃至今后一段时期具有广阔的发展前景。但是近年来，由于各地养羊业迅猛发展，产业化水平不断提高，羊群的流动性加快，长途运输时有发生，为一些疫病的传播和流行创造了条件，尤其是饲养模式的改变，给养羊生产带来了一些不可回避的问题，那就是疾病的流行更加广泛，多种疾病在同一个羊场同时存在的现象十分普遍，混合感染十分严重，一些疾病出现了非典型和温和型，这一切都给养羊场和养羊大户的疾病控制提出了新问题，特别是很多疾病在临床上有很多相似的症状出现，给疾病的现场诊断带来很大困难。疾病发生后，迅速诊断是控制疾病的前提，尤其对于一些传染性疾病来讲，只有尽早做出诊断，及时采取有效措施，损失才能降低到最小。基于这种现状，我们编写了本书，期望能对养羊生产者有所帮助。

　　在本书编写过程中，力求图文并茂，语言通俗易懂，简明扼要，内容系统，注重实际操作。在书中重点介绍了羊传染病的流行与防控、羊病毒性传染病的鉴别诊断与防治、羊细菌性传染病的鉴别诊断与防治、羊寄生虫病的鉴别诊断与防治、羊中毒性疾病的鉴别诊断与防治、羊营养代谢病的鉴别诊断与防治、羊其他普通病的鉴别诊断与防治等方面内容，可供养羊生产者及畜牧兽医工作人员参考。

需要特别说明的是，本书所用药物及其使用剂量仅供读者参考，不可照搬。在生产实际中，所用药物学名、常用名和实际商品名称有差异，药物浓度也有所不同，建议读者在使用每一种药物之前，参阅厂家提供的产品说明以确认药物用量、用药方法、用药时间及禁忌等。购买兽药时，执业兽医有责任根据经验和对患病动物的了解决定用药量及选择最佳治疗方案。

本书在编写过程中，参考了一些专家、学者撰写的文献资料，因篇幅所限，未能一一列出，在此表示感谢。

由于作者的理论和技术水平有限，书中不妥、错误之处在所难免，敬请广大读者批评指正。

编著者

目　录

第一章

羊传染病的流行与防控

羊病，尤其是一些传染性疾病和成批发生的寄生虫病，是养羊业的大敌，如果疏于防范，往往会使整群以至整个羊场毁于一旦，造成重大的经济损失。因此，在养羊生产中，必须贯彻"以预防为主"的方针，采取切实可行的措施，确保羊群健康无病，高产稳产。

一、传染病的传播

某些病原微生物侵入羊体后，在羊体内生长繁殖，损伤羊体组织，扰乱其生理机能而引起疾病。这种疾病可由一只病羊传染给同群的其他健康羊，也可由一个羊群传染给其他羊群而发生同样的疾病，因而称为传染病。

羊传染病的传播扩散，必须具备传染源、传播途径和易感个体3个基本环节，如果打破、切断和消除这3个环节中的任何1个环节，就可终止这些传染病的流行（图1-1）。

图 1-1 羊传染病的流行

1. 传染源

传染源即病原微生物的来源。主要传染源是病羊和带菌（毒）的羊，病羊不仅体内有病原微生物繁殖，而且通过各种排泄物将病原微生物排出体外，并传播扩散，使健康羊发生传染病。但带菌（毒）的隐性感染羊，由于缺乏病症，不被人们注意，往往会被认为是健康羊，这样就潜伏了极大危险，易造成大面积传播。另外，患传染病的羊尸体处理不当、带菌（毒）的动物等，也是散播病原微生物的重要传染源。

2. 传播途径

羊传染病的病原微生物，由传染源向外传播的途径有 2 种，即垂直传播和水平传播。

（1）垂直传播 也叫亲子代传递，是种羊感染了（包括隐性感染）某些传染病时，体内的病菌或病毒能侵入受精卵，传播给下一代羔羊。能垂直传播的羊病有沙门菌病、支原体性肺炎、关节炎 - 脑炎、大肠杆菌病等。

（2）水平传播 也叫横向传播，是指病原微生物通过各种媒介在同群羊之间和地区之间的传播。这种传播方式面广量大，媒介物也很多。同群羊之间的传播媒介主要是饲料、饮水、空气中的飞沫与灰尘等，远距离传播的媒介通常是羊舍内清除出去的垫料和粪便、运羊车辆、在各羊场间周转的饲料包装袋及工作人员的衣物等。

3. 羊的易感性

病原微生物仅是引起传染病的外因，它通过一定的传播途径侵入羊体后，是否导致发病，取决于内因，也就是羊的易感性和抵抗力。羊由于品种、日龄、免疫状况及体质强弱等不同，对各种传染病的易感性有很大差别。例如，在日龄方面，羔羊对沙门菌、大肠杆菌等易感性高，成年绵羊则对痒病朊病毒易感性高；在免疫状况方面，羊群接种过某种传染病的疫苗或菌苗后，产生了对本病的免疫力，易感性即大大降低。当羊群对某种传染病处于易感状态时，如果体质健壮，也有一定的抵抗力。

二、传染病的感染与发病

1. 感染的类型

某种病原微生物侵入羊体后，必然引起羊体防卫系统的抵抗，其结果必然出现以下三种情况：一是病原微生物被消灭，没有形成感染；二是病原微生物在羊体内的一定部位定居并大量繁殖，引起病理变化和症状，也就是引起发病，称为显性感染；三是病原微生物与羊体内防卫力量处于相对平衡状态，病原微生物能够在羊体某些部位定居，进行少量繁殖，有时也引起比较轻微的病理变化，但没有引起症状，也就是说没有引起发病，则称为隐性感染。有些隐性感染的羊是健康带菌、带毒者，会较长时期排出病菌、病毒，成为易被忽视的传染源。

2. 发病过程

显性感染的过程，可分为以下 4 个阶段。

（1）潜伏期 病原微生物侵入羊体后，必须繁殖到一定数量才能引起症状，这段时间称为潜伏期。潜伏期的长短，与入侵的病原微生物毒力、数量及羊体抵抗力强弱等因素有关。例如，羊小反刍兽疫的潜伏期，一般为 4~5 天，其最大范围为 2~21 天。

（2）前驱期 此时是羊发病的征兆期，表现出精神不振，食欲减退、体温升高等一般症状，尚未表现出本病特征性症状。前驱期一般只有数小时至 1 天多。某些最急性的传染病如羊快疫、羊猝疽等，没有前驱期。

（3）明显期 此时羊的病情发展到高峰阶段，表现出病的特征性症状。前驱期与明显期合称为病程。急性传染病的病程一般为数天至 2 周左右。慢性传染病则可达数月。

（4）转归期 即病程发展到结局阶段，病羊有的死亡，有的恢复健康。康复羊在一定时期内对本病具有免疫力，但体内仍残存并向外排放本病的病原微生物，成为健康带菌或带毒羊。

三、羊病的诊疗技术

1. 羊病的诊断

（1）流行病学调查 有许多羊病的临床表现非常相似，甚至雷同，但各种病的发病时机、发病季节、传播速度、发展过程、易感日龄、羊的品种、性别及对各种药物的反应等方面各有差异，这些差异对鉴别诊断有非常重要的意义。如一般进行过某些传染病预防接种的，在接种免疫期内可排除相关的疫病。因此，在发生疫情时要进行流行病学调查，以便结合临床症状、病理变化和化验结果，做出最后的诊断。

（2）临床诊断

1）大群检查。接触羊群时，首先对群体进行检查，从大群羊中先剔出病羊和可疑病羊，然后再对其进行个体检查。运动、休息和摄食饮水的检查，是对羊群进行临床检查的三大环节；眼看、耳听、手摸、检温（即用体温计检查羊的体温），是对羊群进行临床检查的主要方法。运用"看、听、摸、检"的方法，通过三大环节的检查，可以把大部分病羊从羊群中检查出来。运动时的检查，是在羊群自然活动和人为驱赶活动时的检查，从不正常的姿态中找出病羊。休息时的检查，是在保持羊群安静的情况下，进行看和听，以检出姿态、声音有异常变化的羊。摄食饮水时的检查，是在羊自然摄食、饮水或喂给少量食物、饮水时进行的检查，以检出摄食、饮水有异常表现的羊。

2）个体检查。

①问诊：问诊是通过询问畜主或饲养员，了解羊发病的有关情况。询问内容一般包括：发病时间，发病只数，病前和病后的异常表现，以往的病史、治疗情况、免疫接种情况、饲养管理情况，以及羊的年龄、性别等。但在听取其回答时，应考虑所谈情况与当事人的利害关系（责任），分析其可靠性（图1-2）。

②视诊：视诊是观察病羊的表现。视诊时，最好先从离病羊几步远的地方观察羊的肥瘦、姿势、步态等情况；然后靠近病羊详细察看被毛、皮肤、黏膜、结膜、粪尿等情况（图1-3、图1-4）。

③嗅诊：诊断羊病时，嗅闻分泌物、排泄物、呼出气体及口腔气味也很重要。如肺坏疽时，鼻液带有腐败性恶臭；胃肠炎时，粪便腥臭或恶臭；消化不良时，可从呼气中闻到酸臭味。

④触诊：触诊是用手指或手指尖感触被检查的部位，并稍加压力，以便确定被检查的各个器官组织是否正常（图1-5）。

⑤听诊：听诊是利用听觉来判断羊体内正常的声音和有病的声音。最常见的听诊部位为胸部（心、肺）和腹部（胃、肠）。听诊的方法有两种：一种是直接听诊，即将一块布铺在被检查的部位，然后把耳朵紧贴其上，直接听羊体内的声音；另一种是间接听诊，即用听诊器听诊（图1-6）。无论用哪种方法听诊，都应当把病羊牵到清静的地方，以免受外界杂音的干扰。

图1-2　羊病问诊

图1-3　羊病视诊1

图1-4　羊病视诊2

图1-5　羊病触诊

图1-6　羊病听诊

⑥叩诊：叩诊是用手指或叩诊锤来叩打羊体表部分或体表的垫着物（如手指或垫板），借助所发声音来判断内脏的活动状态。羊叩诊方法是左手食指或中指平放在检查部位，右手中指由第二指节成直角弯曲，向左手食指或中指第二指节上敲打。叩诊的音响有：清音、浊音、半浊音、鼓音。清音，为叩诊健康羊的胸廓所发出的持续、高而清的声音。浊音，为健康状态下，叩打臀及肩部肌肉时发出的声音。在病理状态下，当羊胸腔积聚大量渗出液时，叩打胸壁出现水平浊音。半浊音，为介于浊音和清音之间的一种声音，叩打含少量气体的组织，如肺缘，可发出这种声音；羊患支气管肺炎时，肺泡含气量减少，叩诊呈半浊音。鼓音，如叩打左侧瘤胃处，发鼓音；若瘤胃臌胀，则鼓音增强。

（3）**尸体剖检诊断**　在临床诊断时，有些疾病症状很不明显，有些发病后突然死亡，来不及临床检查，或者临床检查没有发现任何病症，并且羊发生了传染病、寄生虫病或中毒性疾病时，器官和组织常呈现出特征性病理变化，这样可通过病羊死后尸体剖检，做全面、系统的观察，检查组织器官的病理变化，结合生前症状，做出正确的诊断（图1-7、图1-8）。

图1-7　羊病剖检1

在实践中，有条件应尽可能剖检病羊尸体，必要时可剖杀典型病羊。除肉眼观察外，必要时可采取病料送有关部门进行病理组织学检查。

（4）**实验室诊断**　在诊断羊病的过程中，对其中的有些疾病特别是某些传染病，必须配合实验室检查才能确诊。当然，有了实验室检查结果，还必须结合流行病学调查、临床症状和病理剖检所见再进行综合分析，切不可单靠化验结果就盲目得出结论。

图1-8　羊病剖检2

（5）**药物诊断**　使用药品治疗疾病，有的疗效很好，非常理想；有的疗效不明显；有的无疗效，病情越来越重，如使用抗生素治疗病毒性传染病无效，而治疗细菌性传染病有效，这给临床诊断提供了可靠依据。

（6）**鉴别诊断**　随着养羊生产的发展，羊病的临床表现和病理变化变得错综复杂，给临床诊断带来了一定的困难。对于小型养羊场而言，在羊病诊断中，鉴别诊断相对难度较大，但非常重要，必须给予高度重视。要根据病原特性、流行特点、临床症状、病理特征，认真分析，仔细梳理，从可能会发生的多种疾病中逐一排除，最后做出正确诊断。

2. 羊体保定

在进行医疗检查时，应在了解羊的习性基础上，视个体情况，尽可能在其自然状态下进行。必要时，可采取一定的保定措施，以便检查和处理，保证人、畜安全。接近羊只时，要胆大、心细、温和、注意安全。检查者先向羊发出欲接近的信号，然后从其侧前方徐徐接近。接近后，可用手轻轻抚摸其颈部或臀部，使其保持安静、温顺状态。

（1）**握角骑跨夹持保定法**　保定者两手握住羊的两角或头部，骑跨羊身以人腿内侧夹持羊两侧胸壁即可保定（图1-9）。适用于临床检查和治疗时的保定。

（2）**两手围抱保定法**　保定者从羊胸侧用两手分别围抱其前胸或股后部加以保定（图1-10）。羔羊保定时，保定者坐着抱住羔羊，羊背向保定者，头朝上，臀部朝下，两手分别握住前后肢。适用于一般的临床检查或治疗时的保定。

（3）**侧卧保定法**　保定大羊时，保定者俯身从对侧一手抓住两前肢系部或一前肢臂部，另一只手抓住两后肢系部，前后一起按住即可（图1-11）。为了保证牢靠，可用绳索将羊四肢捆绑在一起。适用于治疗和简单手术的保定。

（4）**倒立式保定法**　保定者骑跨羊颈部，面向后，两腿夹紧羊体，弯腰用手将羊两后肢提起（图1-12）。适用于去势、后躯检查等的保定。

（5）**栓系保定法**　栓系保定法就是用绳子拴系在羊角或羊的颈部，并将绳子固定在木桩或护栏上，使羊不能大幅度活动的保定方法。此法在保定人员的协助下可对羊的各部位进行检查和治疗。

（6）**手术床保定法**　将羊四肢捆绑在专用手术床上，根据需要使其侧卧或仰卧（图1-13）。此法多用于手术时的保定。

图1-9　握角骑跨夹持保定法

图1-10　两手围抱保定法

图1-11　侧卧保定法

图1-12　倒立式保定法

图1-13　手术床保定法

3. 羊的投药方法

（1）全群投药

1）混水给药，将药物溶解于水中，让羊自由饮用。此法常用于预防和治疗羊病，尤其是适用于已患病、采食量明显减少而饮水状况较好的羊群。投喂的药物应该是较易溶于水的药片、药粉和药液，如葡萄糖、高锰酸钾、四环素、卡那霉素、磺胺二甲嘧啶、亚硒酸钠等。

2）混料给药，将药物均匀混入饲料中，让羊吃料时能同时吃进药物。此法简便易行，切实可靠，适用于长期投药，是养羊中最常用的投药方式。适用于混料的药物比较多，尤其对一些不溶于水而且适口性差的药物，采用此法投药更为恰当，如土霉素、复方新诺明、氯苯胍、微量元素、多种维生素、鱼肝油等。

3）药浴和喷淋，是防治羊体外寄生虫，尤其是螨病的有效措施（图1-14）。

图1-14　绵羊药浴

一般可选择在每年剪毛或抓绒后7~10天进行。选取某种杀虫药物配成所需浓度的水乳剂，使羊在药浴池或特制药浴、喷淋装置内进行药浴或喷淋，也可人工使其在药浴池或大盆、大锅内逐只进行。喷淋装置多在牧区使用，深受牧民欢迎。规模化羊场多建药浴池，而小规模饲养和散养多采用大盆或大锅进行药浴。

（2）个体给药法

1）口服法。

①长颈瓶给药法：当给羊灌服流态药物时，可将药物倒入细口长颈的玻璃瓶、塑料瓶或一般的酒瓶中。

图1-15　长颈瓶给药法

操作时，先站立保定羊只，抬高羊的嘴巴，给药者右手拿药瓶，左手用食、中二指自羊右口角伸入口内，轻轻压迫舌头，羊口即张开。然后右手将药瓶口从左口角伸入羊口中，并将左手抽出，待瓶口伸到舌头中段，即抬高瓶底，将药物灌入（图1-15）。

②药板给药法：专用于给羊服用舌用舔剂。舔剂不流动，在口腔中不会向咽部滑动，因而不致发生误咽。给药时，用竹制或木制的药板。药板长约30厘米、宽约3厘米、厚约3毫米，表面必须光滑没有棱角。

操作时，先站立保定羊只，给药者站在羊的右侧，左手将开口器放入羊口中，右手持药板，用药板前部刮取药物，从右口角伸入口内到达舌根部，将药板翻转，轻轻按压，并向后抽出，把药抹在舌根部，待羊下咽后，再抹第二次，如此反复进行，直到把药给完（图1-16）。

2）灌肠法。灌肠法是将药物配成液体，直接灌入直肠内（图1-17）。羊可用小橡皮管灌肠。

操作时，先站立保定羊只，将直肠内的粪便清除，然后在橡皮管前端涂上凡士林，插入直肠内，把连接橡皮管的盛药容器提高到羊的背部以上。灌肠完毕后，拔出橡皮管，用手压住肛门或拍打尾根部，以防药液排出。灌肠药液的温度，应与体温一致。

3）胃管法。羊插入胃管的方法有两种：一是经鼻腔插入，二是经口腔插入。

①经鼻腔插入：操作时，先站立保定羊只，将胃管插入鼻孔内，沿下鼻道慢慢送入，到达咽部时，有阻挡感觉，待羊进行吞咽动作时乘机送入食管；如不吞咽，可轻轻来回抽动胃管，诱发吞咽。胃管通过咽部后，如进入食管，继续深送会感到稍有阻力，这时要向胃管内用力吹气，或用橡皮球打气，如见左侧颈沟有起伏，表示胃管已进入食管。如胃管误入气管，多数羊会表现不安、咳嗽，继续深送，感觉毫无阻力，向胃管内吹气，左侧颈沟看不见波动，用手在左侧颈沟胸腔入口处摸不到胃管，同时，胃管末端有与呼吸一致的气流出现。如胃管已进入食管，继续深送即可到达胃内。此时从胃管内排出酸臭气体，将胃管放低时则流出胃内容物。

②经口腔插入：先装好木质开口器，用绳固定在羊头部，将胃管通过木质开口器的中间孔，沿上腭直插入咽部，借吞咽动作胃管可顺利进入食管，继续深送，胃管即可到达胃内。胃管插入正确后，即可接上漏斗灌药（图1-18、图1-19）。药液灌完后，再灌少量清水，然后取掉漏斗，用嘴对胃管吹气，或用橡皮球打气，使胃管内残留的液体完全入胃，用拇指堵住胃管管口，或折叠胃管，慢慢抽出。该法适用于灌服大量水剂及有刺激性的药液。患咽炎、咽喉炎和咳嗽严重的病羊，不可用胃管灌药。

图1-16　药板给药法

图1-17　灌肠法

图1-18　经口腔插入胃管
给药1

图1-19　经口腔插入胃管
给药2

4）注射法。

①肌内注射法：肌内注射法是兽医临床上常用的给药方法。注射部位可选择肌肉肥厚并能避开大血管及神经干的部位，羊一般可选择颈部两侧。

图1-20　肌内注射法

操作时，先站立保定羊只，注射部位剪毛消毒，术者左手固定注射部位，右手持注射器，与皮肤呈垂直的角度迅速刺入肌肉2~3厘米（视羊的大小而定），回抽针管内芯，确认无回血后，方可注入药液，注射完毕，拔出针头，局部消毒（图1-20）。

②皮下注射法：对于易溶解、无刺激性的药物，或希望药物较快吸收、尽快产生药效时，均可用皮下注射法给药，如阿托品、阿维菌素、疫苗、血清等均可用此法。注射部位可选择羊的颈部两侧或股内侧的皮肤较松处。

操作时，先站立保定羊只，局部消毒，以左手的食指和拇指捏起注射部位的皮肤，右手持注射器，使针头和皮肤成30度角，向内下方刺入2~3厘米，注入药液，注射完毕，拔出针头，消毒注射部位（图1-21）。

③皮内注射法：皮内注射主要用于皮内变态反应诊断及炭疽芽孢苗免疫注射。注射部位可选在颈部两侧或尾根部（图1-22、图1-23）。

操作时，先行站立保定、局部消毒，然后以左手拇指、食指和中指固定（绷紧）皮肤，右手持注射器，使针头与皮肤呈30度角，刺入表皮与真皮之间，缓慢注入药液，至皮肤表面形成一个小圆形丘疹即可。注射完毕，拔出针头，消毒注射部位。

④静脉注射法：静脉注射（图1-24）是将药液直接注入静脉中，随血液循环分布全身，可迅速

图1-21　皮下注射法

图1-22　皮内注射法
（尾根部）1

图1-23　皮内注射法
（尾根部）2

图1-24　静脉注射法

产生药效，但排泄也较快。主要用于补液和刺激性较大的不适于肌内注射和皮下注射的药物。注射部位多采用颈静脉和耳静脉，也可以采用四肢静脉。

操作时，先保定羊只（可取站立式，也可取侧卧式），在颈静脉上 1/3 处，局部剪毛消毒，用左手拇指在其血管的近心端按压，使血管怒张，其余四指在颈的对侧固定。右手持针头或注射器，将针头向斜下方刺入静脉内，松开左手见到回血后，再将药液慢慢注入静脉内，注射完毕后，以左手按住注入孔，右手拔出针头，消毒注射部位。

如药液量较大，可采用输液器进行输液。操作时步骤同静脉注射，保定羊只、消毒局部、按压血管，右手将已排尽空气的输液针头刺入静脉血管内，见到回血时方可松手，观察 2~3 分钟，看药液滴入是否均匀，扎针部分是否有异常，如果一切正常，可用胶布或纸夹固定好针头，让配好的药液缓慢地滴入血管内即可。输液后左手用酒精棉球按住针孔，右手将针头拔出，左手继续按压片刻，以防药液流出。

⑤气管内注射法：气管内注射法是将药液直接注入气管内，用以治疗寄生虫病（如注射碘液治疗肺线虫病）或支气管肺炎等。

操作时，先将羊侧卧保定，并使其后躯低于前部，注射部位在喉头的下方，气管的上 1/3 处，以左手食指摸清气管软骨环之间，剪毛消毒，以拇指和中指固定皮肤，右手持注射器垂直刺入气管内，抽动活塞，见有气泡时即可缓缓注入药液，注射完毕，取针消毒。注意药量不要超过 5 毫升（小羊不要超过 2 毫升），药液加温至接近体温，以减少刺激，为避免剧烈咳嗽，可先注入 2% 的普鲁卡因液 0.5~1.0 毫升后再注射药液。如欲使药液流入两侧肺，需隔天将羊翻转，卧于另一侧，以上述同样方法注射药液 1 次。也可取站立保定，助手抬高羊头，术者进行注射。

⑥瘤胃穿刺法：常用于瘤胃臌气放气后，为防止胃内容物继续发酵产气，可注入止酵剂及有关药液。有些药液（如驱虫剂）刺激性强，经口入消化道反应强烈，可采用瘤胃穿刺注药。方法是：如果瘤胃臌气，穿刺部位是在左肷窝中央臌气最高的部位，局部剪毛，用碘酊涂擦消毒，将皮肤稍向上移，然后，将套管针或普通针头垂直地或朝右侧肘头方向刺入皮肤及瘤胃内，气体即从针头排出。如臌胀严重，应间断放气，气放完后再注入相应的药物；如为泡沫性臌气应先注入适量的消沫剂才能放出气体，然后，用左手指压紧皮肤，右手迅速拔出针头，穿刺孔用碘酊涂擦消毒。如注射驱虫剂或其他药物，穿刺部位是在左肷部髋结节与最后肋骨所引水平线的中间，距腰椎横突 5~10 厘米处（图 1-25）。

图 1-25　瘤胃穿刺法

⑦腹腔注射法：腹腔注射给药一般用于腹膜炎的治疗、羔羊体液和

营养物质的补充及腹膜透析，以治疗内脏的某些疾病。注射部位、保定的方法、操作步骤因羊个体大小不同而不同。小羊在脐孔后方 5~10 厘米处，先由助手捉起羊的两后肢，使其内脏因重力而下垂，找准部位进行常规消毒，术者用左手捏起腹壁，右手持注射器刺入腹腔，回抽观察确定在腹腔内，将药液注入，注射完毕，拔出针头，消毒注射部位

图 1-26　腹腔注射法

（图 1-26）。大羊在右䏚部，常规剪毛、消毒，用 16 号针头与腹壁垂直刺入腹腔，当针头能左右活动时，再将药液徐徐注入腹腔，注射完毕，取针消毒。

　　⑧乳腺内注射法：乳腺内注射给药是治疗乳腺炎的有效方法。使用通乳针头（或用大号长针头剪去尖锐部分，再将其磨至钝圆，以免损伤乳腺管）注射药物。

　　操作时，将通乳针头消毒后晾干，取侧卧保定，挤净乳池内的乳汁，轻轻地将通乳针头经乳头管送入乳池，把药液慢慢地注入其内，注射完毕，拔出通乳针头，轻轻捏住乳头孔，轻轻按摩乳房，促进药物吸收。

　　5）皮肤表层涂药法。皮肤表层涂药法多在羊患有疥癣、虱、皮肤湿疹、外伤、口疮等时采用，就是将药物直接涂到病变部位表面。如羊患疥癣时，将患处用温水洗净，刮去干燥的皮屑，再把调好的敌百虫油剂涂到患部即可。如患乳腺炎可在乳房外部涂抹一些相应的药物。

四、羊的免疫接种

1. 免疫接种的目的

　　免疫接种是激发动物机体产生特异性抵抗力，使易感动物转化为不易感动物的一种手段。有组织有计划地对羊只进行疫苗接种，是预防和控制羊传染病的一项极为重要的措施，对某些传染病（如小反刍兽疫、口蹄疫、羊痘、破伤风等）的防治，具有关键性的作用。

2. 羊群免疫程序的制订

　　有些传染病需要多次进行免疫接种，在羊的多大日龄接种第一次，什么时候再接种第二次、第三次……，称为免疫程序。单独一种传染病的免疫程序，见本书关于本病的叙述；羊群综合免疫程序，要根据具体情况先确定对哪几种病进行免疫，然后合理安排。

3. 免疫程序的实施

　　生产中规模化养羊场具体综合免疫程序可参见表 1-1、表 1-2。

表 1-1　羔羊免疫程序

接种时间	疫苗	接种方式	免疫期
7 日龄	羊口疮灭活苗	口唇黏膜注射	1 年
15 日龄	山羊支原体性肺炎灭活苗	皮下注射	1 年
1 月龄	小反刍兽疫弱毒苗	肌内注射	3 年
2 月龄	山羊痘灭活苗	尾根皮内注射	1 年
2.5 月龄	羊 O 型口蹄疫灭活苗	肌内注射	6 个月
3 月龄	羊梭菌病三联四防灭活苗	皮下或肌内注射（第一次）	6 个月
	气肿疽灭活苗	皮下注射（第一次）	7 个月
3.5 月龄	羊梭菌病三联四防灭活苗	皮下或肌内注射（第二次）	6 个月
	Ⅱ号炭疽芽孢苗	皮下注射	山羊 6 个月，绵羊 1 年
	气肿疽灭活苗	皮下注射（第二次）	7 个月
产前 6~8 周（母羊未免疫）	羊梭菌病三联四防灭活苗	皮下注射（第一次）	6 个月
	破伤风类毒苗	肌内或皮下注射（第一次）	1 年
产前 1~2 周（母羊）	羊梭菌病三联四防灭活苗	皮下注射（第二次）	6 个月
	破伤风类毒苗	皮下注射（第二次）	1 年
4 月龄	羊链球菌病灭活苗	皮下注射	6 个月
5 月龄	布鲁氏菌病活苗	肌内注射或口服	3 个月
7 月龄	羊 O 型口蹄疫灭活苗	肌内注射	6 个月

表 1-2　成年母羊免疫程序

接种时间	疫苗	接种方式	免疫期
配种前 2 周	羊 O 型口蹄疫灭活苗	肌内注射	6 个月
配种前 1 周	羊梭菌病三联四防灭活苗	皮下或肌内注射（第二次）	6 个月
	Ⅱ号炭疽芽孢苗	皮下注射	山羊 6 个月，绵羊 1 年
产后 1 个月	羊 O 型口蹄疫灭活苗	肌内注射	6 个月
	Ⅱ号炭疽芽孢苗	皮下注射	山羊 6 个月，绵羊 1 年
产后 1.5 个月	羊链球菌病灭活苗	皮下注射	6 个月
	山羊支原体性肺炎灭活苗	皮下注射	1 年
	山羊痘灭活苗	尾根皮内注射	1 年

放牧羊群一般多在春、秋两季进行免疫接种。

（1）**春季** 妊娠母羊产前 1 个月接种破伤风类毒素疫苗，可预防破伤风。肌内注射羊只的后臀，15 天产生免疫力，免疫期为 1 年。

每年 2 月下旬至 3 月上旬，成年羊与羔羊接种羊三联四防疫苗（或五联苗），预防羊快疫、羊肠毒血症、羊猝疽、羊黑疫（或羔羊梭菌性痢疾）。成年羊或羔羊都按说明书注射或成年羊加 0.2 倍量，10~14 天产生免疫力，免疫期为 6 个月。

妊娠母羊产前 20~30 天，接种羔羊梭菌性痢疾疫苗，可预防羔羊梭菌性痢疾，如已注射五联苗可略去这次免疫，若没注射，羔羊 1 月龄可注射。按说明书方法接种，隔 10~14 天再免疫 1 次，10~14 天产生抗体，羔羊可获得母羊抗体。

每年 2~3 月接种羊痘鸡胚化弱毒苗，可预防羊痘。无论羊只大小一律皮内注射 0.5 毫升，6~10 天产生免疫力，免疫期为 1 年。

每年 3~4 月接种羊口疮弱毒细胞冻干苗，可预防羊口疮病。无论羊只大小一律口腔黏膜内注射 0.2 毫升，免疫期为 1 年。

每年 3~4 月，对未免疫的羔羊、成年羊接种小反刍兽疫弱毒苗，免疫期为 3 年。

每年 3~4 月接种羊链球菌氢氧化铝菌苗，可预防羊链球菌病。按说明书方法接种，免疫期为 6 个月。

每年 5~6 月（配种前 2~3 周）接种牛 O 型口蹄疫灭活苗，可预防羊口蹄疫。按说明书方法接种，免疫期为 6 个月。

（2）**秋季** 免疫时间以配种时间而定，接种羊流产衣原体油佐剂卵黄灭活苗，可预防羊衣原体性流产。羊妊娠前或妊娠后 1 个月内，每只皮下注射 3 毫升，免疫期为 1 年。

每年 9 月下旬接种羊四联苗（或五联苗，若生产厂家的说明书上注明免疫期为 1 年，此次可略），可预防羊快疫、羊肠毒血症、羊猝疽、羊黑疫（或羔羊梭菌性痢疾）。成年羊或羔羊都按说明书方法接种，或成年羊加 0.2 倍量，10~14 天产生免疫力，免疫期为 6 个月。

每年 9 月接种羊口疮弱毒细胞冻干苗，预防羊口疮病。无论羊只大小一律口腔黏膜内注射 0.2 毫升，免疫期为 1 年。

每年 9 月接种羊链球菌病疫苗，可预防羊链球菌病。按说明书方法接种，免疫期为 6 个月。

4. 免疫接种的常用方法

（1）**肌内注射法** 适用于接种弱毒或灭活疫苗，注射部位在臀部及两侧颈部，一般用 12 号针头。

（2）**皮下注射法** 适用于接种弱毒或灭活疫苗，注射部位在股内侧、肘后。用拇指及食指捏住皮肤，注射时确保针头插入皮下，进针后摆动针头，如感到针头摆动自如，推压注射器推管，药液极易进入皮下，无阻力感。

（3）**皮内注射法** 一般适用于羊痘弱毒疫苗等少数疫苗，注射部位在颈外侧和尾部皮肤皱襞。左手拇指与食指顺皮肤的皱纹，从两边平行捏起一个皮褶，右手持注射器使针头与注射平面平行刺入。注射药液后在注射部位有一豌豆大小的泡，且小泡会随皮肤移动，则证明确实注入皮内。

（4）**口服法** 是将疫苗均匀地混于饲料或饮水中经口服后获得免疫。免疫前应停饮或停喂半天，以保证饮喂疫苗时每头羊都能饮一定量的水或吃入一定量的饲料。

五、羊传染病的基本防治措施

1. 预防羊传染病的基本措施

（1）**羊场选址要符合防疫要求** 羊场的场址应背风向阳，地势高燥，水源充足，排水方便。位置要远离村镇、机关、学校、工厂和居民区，与铁路、公路干线、运输河道也要有一定距离（图 1-27）。

（2）**对饲养人员和车辆要进行严格消毒，切断外来传染源** 羊场入口也应设置消毒设施，外来车辆进入场区和饲养人员出入羊舍要消毒（图 1-28）。

（3）**建立场内兽医卫生制度**

1）不得把后备羊群或新购入的羊群与成年羊群混养，以防止疫病接力传染。

2）食槽、水槽要保持清洁卫生，定期清洗消毒。粪便要定期清除。

3）羊转群前或羊舍进羊前要彻底对羊舍和用具进行消毒（图 1-29）。

图 1-27 羊场要远离村镇、机关、学校、工厂和居民区　　图 1-28 羊场入口消毒　　图 1-29 羊舍消毒

4）定期对羊群进行计划免疫和药物防病，定期驱虫。疫苗接种是防止某些传染病发生的可靠措施，在接种时要查看疫苗的有效期、接种方法及剂量等（图1-30）。预防性用药是根据某些病的发病规律提前用药，应注意各种抗菌类药物交替作用，以防病原菌产生抗药性。

图 1-30　羊疫苗接种

5）养羊场要重视和做好除鼠、防蚊、灭蝇工作。

（4）加强羊群的饲养管理，提高羊的抗病能力

1）供给全价饲料（图1-31）。饲料的营养水平不仅影响羊的生产能力，而且缺乏某些成分，可发生相应的缺乏症。所以要从正规的饲料厂购买饲料，贮存时注意时间不要过长，并防止霉变和结块。在自配饲料时，要注意原料的质量，避免饲料配方与实际应用相脱节。

图 1-31　羊群机械喂料

2）给予适宜的环境温度。适宜的环境温度有利于提高羊群的生产能力。如果温度过高或过低，都会影响羊群的健康，冷热不定很容易导致羊群呼吸道疾病的发生。

3）维持良好的通风换气条件。羊舍内的粪便及残存的饲料受细菌的作用可产生大量的氨气，加上羊呼吸排出的气体对羊是很有害的。特别是氨气一旦达到使人感觉不适甚至流泪的程度，可导致羊呼吸道黏膜损伤而发生细菌和病毒的感染。要减少羊舍内的有害气体，一方面可采取在不突然降低温度的情况下开窗或排风扇排气，另一方面要保持地面干燥卫生，减少氨气的产生。

4）保持合理的饲养密度。密度过大可造成羊群拥挤和空气中有害气体增多，羊群易患伤寒、球虫病、大肠杆菌病等。

（5）建立兽医疫情处理制度

1）兽医防疫人员每天要深入羊舍观察羊群，有疫情要立即诊断。

2）发现传染病时，病羊隔离，死羊深埋或焚烧。对一些烈性传染病（如羊小反刍兽疫等），应及时报告上级兽医机关，并封锁羊场，进行紧急接种，直至最后一只病羊死亡半个月后不再有病羊出现，方可报告上级部门解除封锁。

3）对污染的羊舍和用具要进行消毒处理，羊的粪便需要堆积发酵后方可运出场外。

2. 扑灭羊群传染病的基本措施

一旦发生传染病时，为了扑灭疫情，避免造成大范围流行，必须立即查明和消灭传染源，切断传播途径，提高羊群对传染病的抵抗力。

（1）**发现异常，及早做出诊断**　发现羊群中有部分羊发病或异常时，应立即请兽医人员亲临现场，做出病情诊断，并查明发病原因。如不能确诊，应立即送病料到兽医权威部门进行确诊。必要时应把疫情通知周围羊场或养羊户，以便采取预防措施。

（2）**针对疫情，及时采取防治措施**　当确诊为羊小反刍兽疫、羊口蹄疫等烈性传染病时，如为流行初期，应立即对未发病羊进行疫苗紧急接种，以便在短期内使流行逐渐停止。但是，已经感染正在潜伏期的病羊，接种疫苗后，不但不能使其免疫，反而可能加速其发病死亡。所以到了流行中期，已经感染而貌似健康的羊数量很多，此时接种疫苗，往往收效不大。当确诊为巴氏杆菌病等细菌性传染病时，在流行初期除用菌苗进行紧急接种外，还可用磺胺类药物或抗生素进行治疗和预防，并加强饲养管理。

（3）**严格隔离和封锁，防止疫情蔓延**　对发生传染病的羊群要进行全部检疫，对检出的病羊要隔离治疗；疑似病羊应隔离观察，对病羊或疑似病羊设专人饲养管理。对发生传染病的羊群和羊场，应及早划定疫区，进行严格封锁（图1-32）。在封锁期间，禁止羔羊、种羊调进或调出。待场内病羊已经全部痊愈或处理完毕，羊舍、场地和用具经过严格消毒后，经2周再无新病例出现，然后再做一次严格大消毒，方可解除封锁。

图1-32　疫区封锁

（4）**坚决淘汰病羊，彻底进行环境消毒**　羊群发病后，对所有病重的羊要坚决淘汰。如果可以利用，必须在兽医部门同意的地点，在兽医监督下加工处理。羊毛、血水、废弃的内脏要集中深埋，肉尸要高温处理。病死羊的尸体、粪便和垫草等应运往指定地点焚烧或深埋，防止猪、犬等扒吃（图1-33）。对被污染的羊舍、运动场及饲养用具，都要用2%~3%的热火碱（氢氧化钠）等高效消毒剂进行彻底消毒。

图1-33　病死羊的处理

第二章
羊病毒性传染病的鉴别诊断与防治

一、羊小反刍兽疫

羊小反刍兽疫，俗称羊瘟，是由副黏病毒科麻疹病毒属小反刍兽疫病毒引起的一种急性、病毒性传染病。临床上以病羊发热、口炎、腹泻和肺炎为特征。

本病主要感染山羊、绵羊、羚羊等小反刍动物，山羊发病较为严重。感染羊只发生病毒血症，病毒广泛分布于各种组织，并随各种分泌物或排泄物排出。本病的传染源主要为患病动物和隐性感染动物，处于亚临床型的患病动物尤为危险。

本病主要通过直接或间接接触传播，也可通过飞沫经呼吸道传播，还可通过授精或胚胎移植等传播。

本病于多雨季节和干燥寒冷季节多发，羊发病率高达 100%。在严重暴发时，病死率可达 100%；在轻度发生时，病死率不超过 50%。幼龄羊发病较为严重，发病率和死亡率都较高。

本病潜伏期为4~5天，最长达21天，自然发病仅见于山羊和绵羊，山羊发病较严重，绵羊偶有严重病例。患病羊只烦躁不安，被毛无光泽，口鼻干燥，眼结膜充血（图2-1），食欲减退，流脓性鼻液（图2-2），出现咳嗽、呼吸异常，呼出恶臭气体；急性型病例体温可升高至41℃并持续3~5天，在发热的前4天，口腔黏膜充血、颊黏膜出现进行性广泛性损害，随后出现坏死病灶（刚开始出现小而粗糙的红色浅表坏死病灶，之后变成粉红色），感染部位包括下唇、下齿龈等（图2-3）；严重病例可见坏死病灶波及腭、颊部、舌头等；患病羊只后期出现水样带血腹泻（图2-4、图2-5），严重者脱水、消瘦，随之体温下降。

图2-1 病羊眼结膜充血

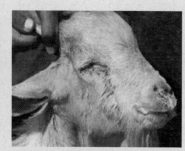

图2-2 病羊流脓性鼻液

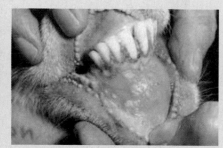

图2-3 病羊口腔黏膜出现小而粗糙的红色浅表坏死病灶

图2-4 病羊严重腹泻

图2-5 病羊血便

病理
变化

剖检可见淋巴结（特别是肠系膜淋巴结）水肿，口腔和鼻腔黏膜糜烂、坏死；咽喉部位有出血点或出血斑（图2-6）；出现不同程度的气管炎、支气管炎，肺肿大、小叶坏死（图2-7），气管内充满泡沫状黏液（图2-8），肺中散在有斑块状实变，组织学观察可见肺部组织出现多核巨细胞、细胞内出现嗜酸性包涵体；脾脏肿大或梗死；皱胃常出现规则且有轮廓的糜烂（创面呈红色、出血）（图2-9），而瘤胃、网胃和瓣胃的病变较少见；可见坏死性或出血性肠炎，盲肠、结肠近端和直肠出现特征性条状充血、出血，呈斑纹状（图2-10～图2-12）；心肌出血（图2-13）；肾脏瘀血、充血、出血（图2-14）。

图2-6　病羊咽喉部位有出血斑

图2-7　病羊肺肿大、小叶坏死

图2-8　病羊气管内充满泡沫状黏液

图2-9　病羊皱胃黏膜有出血斑

图2-10　病羊肠充血、出血

图2-11　病羊肠系膜条状出血

图2-12　病羊肠黏膜出血

图2-13　病羊心肌出血

图2-14　病羊肾脏瘀血、充血、出血

病名	与羊小反刍兽疫的相似点	与羊小反刍兽疫的不同点
羊口蹄疫	二者均表现精神不振，食欲减退，体温升高，黏膜充血，腹泻	羊口蹄疫的病原为口蹄疫病毒，临床上以口鼻黏膜、蹄部和乳房等处皮肤发生水疱和糜烂为特征。小反刍兽疫无水疱症状，更无蹄部病变
羊蓝舌病	二者均表现精神不振，食欲减退，体温升高，黏膜充血	羊蓝舌病的病原是蓝舌病病毒，病羊以颊黏膜和胃肠道黏膜严重卡他性炎症为主，乳房和蹄冠等部位发生病变，但不发生水疱。小反刍兽疫无蹄部病变
羊支原体性肺炎	二者均表现精神不振，食欲减退，体温升高，呼吸异常	羊支原体性肺炎的病原为支原体，病羊以浆液性纤维性肺炎和胸膜炎为主要特征，无口腔、肠道黏膜病变和腹泻症状
羊巴氏杆菌病	二者均表现精神不振，食欲减退，体温升高，黏膜充血，呼吸异常，腹泻	羊巴氏杆菌病的病原为巴氏杆菌，病羊以胸腔积液、肺炎及呼吸道黏膜和内脏器官发生出血性炎症为主，无溃疡性和坏死性口炎及舌糜烂症状；抗生素治疗有效
羊口疮	二者均表现精神不振，食欲减退，体温升高，呼吸异常	羊口疮的病原为羊口疮病毒，病羊以口唇、眼和鼻孔周围的皮肤上出现丘疹和水疱，并迅速变为脓疱，最后形成痂皮或疣状病变即桑葚状病垢，但不出现腹泻症状和高死亡率

（1）做好宣传，增强防疫意识　小反刍兽疫为一类动物疫病，对山羊、绵羊危害严重。各级兽医技术人员，尤其基层防疫员、驻场兽医、养殖场主等，都应掌握基本的防控技术。日常重视本病的宣传工作，确保大家掌握全面的防控技术要点，能做到疫情的准确判断、快速诊断可疑疫情，确保快而准确地处置疫情。

（2）强制免疫，规范消毒流程　根据相关的防疫政策，所有种羊应强制接种。羔羊宜在1~2月龄接种小反刍兽疫弱毒苗，肌内注射1毫升，免疫期为3年。发现疫情，疫点所有羊只应紧急免疫，注意记录免疫档案，做好免疫效果评价。

接种防疫期间，搞好环境卫生，注意消毒灭源。养殖场、运输工具、生产设备等一律彻底消毒。收集所有尿液、粪便，集中堆积发酵。周边环境，每周清扫1次，确保消毒质量。

（3）完善应急预案，防治疫情蔓延　对重大动物疫情，完善应急防控预案，做好人员、物资、医疗等的应急储备，健全应急值守制度，努力做到责任明确，人员到位，联系畅通。一旦发现疫情，能及早处理，及时处置，确保疫情在最短时间内得到有效控制，遏制疫情的蔓延和扩散。

二、羊口蹄疫

口蹄疫是由口蹄疫病毒感染所引起的一种偶蹄兽急性传染病，山羊、绵羊均可感染发病，有时还可以传染给人，属人兽共患传染病，以病畜口腔黏膜、蹄部和乳房部皮肤发生水疱、溃烂为特征。

本病广泛流行于世界各地，传染性极强，不仅会直接造成巨大的经济损失，而且影响经济贸易活动，严重危害养殖业的发展。

流行特点　本病的主要传染源为患病家畜，其次为带毒的野生动物（如黄羊），主要是通过消化道和呼吸道感染，也可以经眼结膜、鼻黏膜、乳头及皮肤伤口感染。如果人或健康羊接触了病畜的唾液、水疱液及乳汁，都可能被传染而发病。犬、猫、鼠、吸血昆虫，以及人的衣服、鞋等也能传播本病。在新疫区呈流行性，发病率可达100%，而在老疫区则发病率较低，常呈现一定的季节性，冬、春季节发病较多。

临床症状　本病的潜伏期为1~7天。病毒侵入病羊机体进入血液时，体温升至40~41℃，精神不振，食量减少，继而在口腔黏膜及趾间、乳头皮肤上发生大小不一的水疱，以后水疱汇合成大水疱或连成一片，并很快破溃，遗留下边缘整齐的红色烂斑（图2-15~图2-20）。病羊大量流涎（图2-21），四肢因发生水疱后破烂而交叉负重，运动时跛行，严重者起立困难，如感染后化脓，则病情加重。蹄冠部发生水疱时，常因继发性坏疽而引起蹄冠脱落。绵羊患病，在蹄冠和蹄间发生水疱和烂斑，口腔则少见病变；羔羊患病可能突然恶化，呈现出血性胃肠炎、心肌炎和肺炎等症状，病情急促，死亡率可达20%~50%。

图2-15　病羊唇周围破溃、出血

图2-16　病羊口腔黏膜溃烂

图2-17　病羊乳房有水疱

图2-18　病羊蹄叉处肿大有水疱

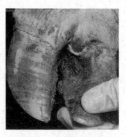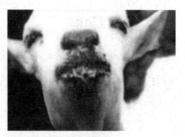

图 2-19　病羊蹄冠部充血、红染，有水疱　　图 2-20　病羊蹄部溃烂　　图 2-21　病羊口腔流涎

病理变化

病死羊除见口腔、蹄部和乳房部等处出现水疱、烂斑外，严重病例的咽喉、气管、支气管和前胃黏膜有时也有烂斑和溃疡形成；前胃和肠道黏膜可见出血性炎症；心包膜有散在性出血点（图 2-22、图 2-23）；心肌松软，似煮熟状；心肌切面呈现灰白色或浅黄色的斑点或条纹（虎斑心）。

类症鉴别

病名	与羊口蹄疫的相似点	与羊口蹄疫的不同点
羊口疮	二者均表现精神不振，食欲减退，口腔有水疱，水疱破裂成溃疡，流涎，蹄出现水疱溃疡，跛行	羊口疮的病原为羊口疮病毒，病羊皮肤先出现红斑变丘疹、水疱、脓疱，破溃结痂后，结痂下面形成凹凸不平如桑葚状肉芽组织
羊蓝舌病	二者均表现精神不振，食欲减退，体温升高（40~42℃），口腔糜烂，流涎，蹄疼，跛行	羊蓝舌病的病原为蓝舌病病毒，由昆虫传播，非接触传染；病羊舌充血、发绀、呈紫蓝色，蹄冠、蹄叶发炎、无水疱，鼻流分泌物；用病羊血注射易感羊和免疫羊，免疫羊不发病即可确诊
羊腐蹄病	二者均表现精神不振，食欲减退，口腔有水疱，蹄有病变，跛行	羊腐蹄病的病原为结节梭形杆菌；一肢或数肢发病，蹄冠发红，蹄匣腐烂、有恶臭液；抗菌类药物治疗有效

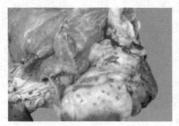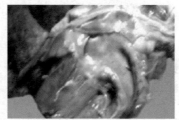

图 2-22　病羊心包膜有出血点　　图 2-23　病羊心内膜有病变，不正常

1）加强羊群的饲养管理，严格执行检疫、消毒等预防措施，发生口蹄疫时应采取紧急措施。

2）按时接种口蹄疫疫苗。羔羊在 2.5 月龄和 7 月龄分别接种牛 O 型口蹄疫灭活苗，肌内注射，免疫期为 6 个月；成年母羊在配种前 2~3 周和产后 1 个月分别接种牛 O 型口蹄疫灭活苗，肌内注射，免疫期为 6 个月。由于口蹄疫病毒血清型复杂，免疫效果不够理想。

三、羊狂犬病

狂犬病又称"恐水病"，是由狂犬病病毒引起的一种人兽共患的急性接触性传染病。本病以神经调节障碍、反射兴奋性增高、发病羊表现狂躁不安、意识紊乱为特征，最终发生麻痹而死亡。死亡率非常高，几乎 100%。

流行特点 本病以犬类易感性最高，羊和多种家畜及野生动物均可感染发病，人也可感染。传染源主要是患病动物及潜伏期带毒动物，野生的犬科动物（如野犬、狼、狐等）常成为人、畜狂犬病的传染源和自然保毒宿主。患病动物主要经唾液腺排出病毒，以咬伤为主要传播途径，也可经损伤的皮肤、黏膜感染。经呼吸道和口腔途径感染也已得到证实。本病一般呈散发，一年四季都有发生，但以春末夏初多见。

临床症状 本病潜伏期的长短与感染部位有关，最短 8 天，长的达 1 年以上。本病在临床上分为狂暴型和沉郁型 2 种。

（1）狂暴型 羊病初精神沉郁，反刍减少、食欲降低，不久表现起卧不安，咩叫，羔羊口唇和蹄充血、出血、溃疡（图 2-24），出现兴奋性和攻击性动作，冲撞墙壁，磨牙流涎，性欲亢进，攻击人畜等。患病羊常舔咬伤口，使之经久不愈，后期发生麻痹，卧地不起，衰竭而死。

图 2-24　病羊口唇和蹄充血、出血

（2）沉郁型 病羊多无兴奋期或兴奋期短，很快转入麻痹期，出现喉头、下颌、后躯麻痹，流涎、张口、吞咽困难，最终卧地不起而死亡。

病理变化 剖检尸体常无特异性变化。病尸消瘦，一般有咬伤、裂伤，口腔黏膜、咽喉黏膜充血、糜烂。组织学检查有非化脓性脑炎，可在神经细胞的胞质内检出嗜酸性包涵体。

病名	与羊狂犬病的相似点	与羊狂犬病的不同点
羊伪狂犬病	二者均表现不安、狂躁、流涎、咬撕各种物体，自我舐咬	狂犬病的病原是狂犬病病毒，病羊意识混乱，下颌麻痹，具有恐水症状，对人畜具有攻击性。而伪狂犬病的病原为伪狂犬病病毒，病羊目光呆滞，体躯奇痒，啃咬，肢抓擦痒，鼻流泡沫液，对人畜没有攻击性；用脑组织制成悬液接种于家兔皮下，20~36小时后注射部位出现剧痒
羊破伤风	二者均对声响、光线反射兴奋性增高，有神经症状及外伤感染史	羊破伤风的病原为破伤风杆菌，病羊多呈强直性痉挛，四肢如木马状，无恐水症状。狂犬病有犬咬伤史，破伤风则为外伤感染
羊脑膜炎	二者均表现兴奋不安、狂躁、精神沉郁、惊恐、对音响和触碰敏感、嘶叫、昏睡	羊脑膜炎病例无传染性，体温升高，神经症状主要表现转圈、抽搐、有时盲目奔跑，不避障碍物，有时呕吐
羊有机磷农药中毒	二者均表现流涎、共济失调、呼吸困难、惊厥	羊狂犬病病例多有病犬咬伤史，有传染性，攻击人畜，流涎时下颌下垂。而有机磷农药中毒病例有与有机磷农药接触史，急性群发或突然发生，呕吐，腹痛，腹泻，胃肠内容物有大蒜味

捕杀野犬，加强检疫，对家犬定期预防接种是控制本病的有效措施。

1）扑杀野犬、病犬及拒不免疫的犬类，加强犬类管理，养犬必须登记注册，并进行免疫接种。

2）疫区和受威胁区的羊只及其他动物用狂犬病弱毒疫苗进行免疫接种。

3）加强口岸检疫，检出阳性动物就地扑杀销毁。进口犬类必须有狂犬病的免疫证明。

对被狂犬病病犬咬伤的羊和家畜一般应予以扑杀，以免危害人。

四、羊蓝舌病

羊蓝舌病是由蓝舌病病毒引起，经媒介昆虫传播的一种非接触传染性疾病，以病羊高热、口腔黏膜水肿、糜烂、溃疡，舌体肿胀、发绀，发病初期一过性白细胞减少为特征。

本病的主要传染源为患病动物，由伊蚊及库蠓传播，呈季节性流行。多发于湿热的夏季和早秋，特别是潮湿低洼地区易发本病。

在自然条件下，病羊和健康羊直接接触不会发生水平传播，但是胎儿在母羊子宫内可被直接感染。蓝舌病以绵羊最易感，1 岁左右的青年绵羊发病率和病死率最高，其他反刍动物多为隐性感染，即使有临床病例，也以一过性为主，典型病例较为罕见。

临床症状

本病潜伏期为 3~10 天。病羊体温升高到 40℃以上，稽留 5~6 天，精神委顿，厌食流涎。双唇发生水肿，常蔓延至面颊、耳部（图 2-25、图 2-26）。舌及口腔黏膜充血、发绀，出现瘀斑、呈青紫色（图 2-27~ 图 2-30），严重者发生溃疡、糜烂，致使吞咽困难（继发感染时则出现口臭）。鼻分泌物初为浆液性后为黏脓性，常带血，结痂于鼻孔四周，造成呼吸困难，鼻黏膜和鼻镜糜烂、出血。有时头部症状见好时，乳房及蹄部上皮脱落，蹄冠、蹄叶发炎（图 2-31），疼痛而跛行。病羊瘦弱，部分病例由于胃肠道炎症，发生便秘或腹泻，常便中带血，最后死亡。病程为 6~14 天。发病率为30%~40%，病死率为 20%~30%。某些病羊痊愈后出现被毛脱落现象。

病理变化

剖检病死羊可见各脏器和淋巴结充血、水肿和出血；颌下、颈部皮下胶冻样浸润；口腔黏膜糜烂并有深红色区，口唇、舌、齿龈、硬腭和颊部黏膜水肿、出血；呼吸道、消化道、泌尿系统黏膜，以及心肌、心内外膜可见有出血点。严重病例消化道黏膜常发生坏死和溃疡。蹄冠等部位上皮脱落，但不出现水疱，蹄叶发炎并形成溃疡。

图 2-25　病羊鼻唇部出现烂斑

图 2-26　病羊脸部肿胀

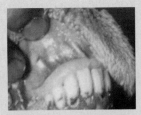
图 2-27　病羊口腔黏膜充血

图 2-28　病羊舌头充血、糜烂

图 2-29　病羊口腔肿大，黏膜呈青紫色，舌呈蓝色

图 2-30　病羊口唇部出现烂斑，眼角膜混浊，中间角膜呈乳白色（角膜翳）

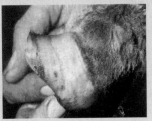
图 2-31　病羊蹄部发炎

类症鉴别	病名	与羊蓝舌病的相似点	与羊蓝舌病的不同点
	羊口蹄疫	二者均表现精神不振，食欲减退，口腔溃疡，流涎，蹄冠、蹄叶发炎，跛行	羊口蹄疫的病原为口蹄疫病毒，是一种高度接触性传染病，牛、猪易感性强，感染发病后的临床症状典型而明显。羊蓝舌病的病原为蓝舌病病毒，主要通过库蠓叮咬传播，且蓝舌病病毒不感染猪，人工接种不能使豚鼠感染。口蹄疫的糜烂性病理损害是由于水疱破溃而发生，蓝舌病虽有上皮脱落和糜烂，但不形成水疱
	羊口疮	二者均表现精神不振，食欲减退，口腔溃疡，流涎，蹄冠、蹄叶发炎，跛行	羊口疮的病原为羊口疮病毒，幼龄羊发病率高，患病羊口唇、鼻端出现丘疹和水疱，破溃以后形成疣状厚痂，痂皮下为增生的肉芽组织；病羊特别是年龄较大者，一般不显严重的全身症状，无体温反应；采集局部病变组织进行电镜染色检查，可发现呈线团样编织构造的典型羊口疮病毒
	羊传染性浆膜炎	二者均表现体温升高（40~41.5℃），跛行	羊传染性浆膜炎的病原为鹦鹉支原体；病羊膝、跗、肘关节肿大（不是蹄冠、蹄叶炎），关节变硬，强迫运动时，跛行可减轻或消失，并有结膜炎；剖检可见关节面有沉着物和锈斑，受侵害的细胞内有包涵体
	绵羊溃疡性皮炎	二者均表现唇、鼻、眼皮肤发病，蹄冠发炎，跛行	绵羊溃疡性皮炎的病原为类似于口疮病毒的一种病毒（目前还没有确定），病羊痂皮下有溃疡而无脓液，公羊包皮、母羊阴门上有溃疡

预防措施

　　加强海关检疫和运输检疫，严禁从有本病的国家或地区引进羊或冻精；非疫区一旦传入本病，应立即采取措施，扑杀发病羊群和与其接触过的所有羊群及其他易感动物，并彻底消毒；疫区应防止吸血昆虫叮咬，提倡在高地放牧和驱赶羊群回圈舍过夜。据报道用鸡胚化弱毒苗控制疫情，可收到良好效果。

五、羊口疮

　　羊口疮又称羊传染性脓疱或羊传染性脓疱性皮炎，是一种由口疮病毒引起的急性、接触性传染病，临床特征为病羊口腔黏膜、唇部、面部、腿部和乳房部的皮肤形成丘疹、脓疱、溃疡和结成疣状厚痂。

流行特点

　　本病无明显的季节性，因饲养环境、海拔、经纬度改变和引种长途运输产生应激反应而诱发，感染羊无性别和品种差异，以 3~6 月龄的羔羊发病最多，传染很快，常为群发。成年羊常年散发，人和猫也可感染本病，其他动物不易感染。本病主要传染源是病羊，通过损伤的皮肤和黏膜而感染。病毒主要存在于病变部的渗出液和痂块中，健康羊可因与病羊直接接触而被感染，也可以经污染的羊舍、草场、草料、饮水和饲养管理用具等受到感染。

本病在羊群中可连续危害多年，但发病率在羊群中逐年降低。

本病的潜伏期为 36~48 小时，死亡率可达 10%~20%。耐过羊可获得坚强免疫力。

临床症状

本病在临床上分为唇型、蹄型、外阴型和混合型。

（1）唇型 此型最为常见，羊病初精神沉郁，不愿采食，体温无明显升高，口角、上下唇或鼻镜上出现散在的小红斑，逐渐变为丘疹和小结节，继而成为水疱、脓疱，破溃后结成黄色或棕色的疣状硬痂（图 2-32）。如为良性经过，则经 1~2 周，痂皮干燥、脱落而康复。严重病例，患部继续发生丘疹、水疱、脓疱痂垢，并互相融合，波及整个口唇周围及眼睑和耳郭等部位，形成大面积痂垢（图 2-33、图 2-34）；痂垢不断增厚，痂垢下伴有肉芽组织增生；整个嘴唇肿大外翻呈桑葚状隆起，影响采食，病羊日趋衰弱而死。个别病例常伴有化脓菌和坏死杆菌等继发感染，引起深部组

图 2-32 病羊精神沉郁，口角、上下唇或鼻镜上有红斑和丘疹

图 2-33 病羊口角、上下唇或鼻镜形成大面积痂垢、坏死

图 2-34 病羊唇或鼻镜部的水疱、脓疱

图 2-35 病羊口腔黏膜糜烂

图 2-36 病羊蹄叉、蹄冠溃疡、坏死

图 2-37 病羊阴唇及附近皮肤上发生溃疡

织化脓和坏死，致使病情恶化。有些病例危害到口腔黏膜，发生水疱、脓疱和糜烂（图 2-35）。病羊采食、咀嚼和吞咽困难，严重者继发肺炎而死亡。

（2）**蹄型** 在蹄叉、蹄冠或系部皮肤上形成水疱、脓疱，破裂后形成由脓液覆盖的溃疡（图 2-36）。如继发感染则发生化脓性坏死，常波及基部、蹄骨，甚至肌腱和关节，病羊跛行，长期卧地，衰竭而死。

（3）**外阴型** 母羊表现为阴门流出黏性和脓性阴道分泌物，在肿胀的阴唇及附近皮肤上发生溃疡（图 2-37），乳房和乳头的皮肤上发生脓疱、烂斑和痂垢；公羊表现为阴囊肿胀，并出现脓疱和溃疡。

（4）**混合型** 同时出现唇型、蹄型、外阴型症状和病变。

病理变化

病死羊极度消瘦，口唇有黑色结痂，结痂延伸至面部，口腔内有水疱、溃疡和糜烂，面部皮下有出血斑；口角、唇、舌面等部位有结痂、溃疡；气管环状出血、充血；肺充血、肿胀，颜色变暗；心肌和心外膜有点状出血；小肠壁变薄，轻度出血。其他部位无特征性变化。

类症鉴别

病名	与羊口疮的相似点	与羊口疮的不同点
羊痘	二者均表现精神不振，食欲减退，唇、眼皮肤有结节，继而形成水疱、脓疱、结痂	羊痘的病原为痘病毒，病羊体温升高（41~42℃），颊、四肢、尾内面、母羊乳房和阴唇、公羊尿鞘也发生红斑丘疹、水疱、脓疱；剖检可见鼻腔、气管、支气管有痘疱和溃疡
羊口蹄疫	二者均表现精神不振，食欲减退，唇、口腔有水疱、溃疡，蹄部出现水疱、溃疡	羊口蹄疫的病原为口蹄疫病毒，山羊口腔呈弥漫性炎症，绵羊多见于四肢；水疱破裂后体温下降；用生物素标记探针技术检测口蹄疫病毒
羊溃疡性口炎	二者均多发于羔羊，均有精神不振，食欲减退，口腔、舌溃疡，流涎	羊溃疡性口炎的病原为坏死梭形杆菌，病变在口腔内部，皮肤没有红斑、水疱
羊蓝舌病	二者均表现精神不振，食欲减退，硬腭、齿龈糜烂	羊蓝舌病的病原为蓝舌病病毒，病羊体温升高（40~41℃），1岁左右最易感，蹄冠、蹄叶发生炎症，舌呈紫蓝色；早期病羊血液注于易感羊和免疫羊，易感羊发病，免疫羊不发病
绵羊溃疡性皮炎	二者均表现精神不振，食欲减退，口腔糜烂	绵羊溃疡性皮炎的病原为副痘病毒，多发于成年羊，病灶在上唇缘与鼻孔之间，不涉及口角，小腿病灶最常见，可发生于腕、冠关节的任何部分，外表为一层厚痂，痂面并不凸出，痂下为漏斗状溃疡，病灶属于溃疡和组织破坏性质

（1）**严格检疫**　禁止从疫区引进羊只和购买畜产品。新购入的羊应全面检查，并对蹄部、体表进行彻底清洗与消毒，隔离观察1个月以后，在确认健康后方可混入其他羊群。

（2）**加强饲养管理**　保持皮肤黏膜不发生损伤，特别是羔羊长牙阶段，口腔黏膜娇嫩，易引起外伤。因此，应尽量清除饲料或垫草中的芒刺和异物，避免在有刺植物的草地放牧。适时加喂适量食盐，以减少羊啃土、啃墙。

（3）**免疫接种**　7日龄接种羊口疮灭活苗，口唇黏膜注射，免疫期为1年。

治疗
方法

1）凡新购的羊进场时，每只注射青霉素100万单位。

2）发现病羊及时隔离，对圈舍进行彻底消毒，饲槽、圈舍、运动场可用干石灰粉或3%火碱（氢氧化钠）消毒。患病羊吃剩的草和接触过的草都应做消毒或焚烧处理。同时给予病羊柔软、富有营养、易消化的饲料，保证饮水清洁。患病羊接触过的乳房，用1%高锰酸钾或1∶500的易克林水消毒1次，防止其他羔羊吮吸。

3）发生本病时，以清洗口腔、消炎、收敛为治疗原则。先用0.5%高锰酸钾液、1%热盐水冲洗口腔清除污物，再用阿昔洛韦软膏或碘甘油（3%碘酊1份、甘油9份）或2%甲紫涂搽疮面，每天1~2次，同时注射抗生素、磺胺类药物。患病严重者，如出现脓疱、溃烂及细菌感染的羊，可肌内注射青霉素钠，或甲硝唑注射液按每千克体重50毫克与等渗葡萄糖生理盐水250毫升，混合后静脉滴注，按每千克体重内服维生素B_2 0.5毫克，连续治疗3天。

六、羊痒病

痒病又称慢性传染性脑炎、瘙痒病等，是由痒病朊病毒感染所引起的成年绵羊（也可见于山羊）的一种缓慢发展的中枢神经系统变性疾病，以潜伏期长、剧痒、运动失调、肌肉震颤、衰弱和瘫痪为特征。

流行
特点

不同性别、品种的羊均可发生，但品种间存在着明显的易感性差异，一般多发生于2~5岁的绵羊，5岁以上和1岁半以下的羊通常不发病。

患病羊或潜伏期感染羊为主要传染源。病羊不仅可以通过接触将病原传给绵羊或山羊，也可垂直传播给后代。健康羊群长期放牧于污染的牧地（被病羊胎膜污染），也可引起感染。发病通常呈散发，感染羊群内只有少数羊发病，传播缓慢。

病羊群一旦感染痒病后，很难根除。几乎每年都有少数羊死于本病。

临床
症状

自然感染潜伏期为 1~3 年或更长。病初大多不被察觉，病羊表现敏感、易惊。某些病羊表现有攻击性或离群呆立，不愿采食；有些病羊则容易兴奋，头颈抬起，眼凝视或目光呆滞；大多数病例呈现行为异常、瘙痒、运动失调及痴呆等症状。头颈部及腹肋部肌肉发生频微震颤症状。有时很轻微以至于观察不到，用手抓搔病羊腰部常发生伸颈、摆头、咬唇或舔舌等反射性动作。严重时病羊皮肤脱毛（图 2-38、图 2-39）、破损甚至撕脱。病羊常啃咬腹肋部、股部或尾部，或在墙壁、栅栏、树干等物体上摩擦痒部皮肤（图 2-40），致使被毛大量脱落，皮肤红肿发炎，甚至破溃出血。病羊常以一种高举步态运步，呈现特殊的驴跑步样姿态或雄鸡步样姿态，后肢软弱无力，肌肉颤抖，步态蹒跚。病羊体温一般不高，可照常采食，但日渐消瘦，体重明显下降，常不能跳跃，遇沟坡、土堆、门槛等障碍时反复跌倒或卧地不起。病程数周或数月，甚至 1 年以上，少数病例也取急性经过，患病数日即突然死亡，病死率高，几乎达 100%。

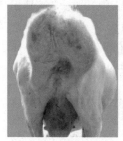  

图 2-38　病羊局部皮肤脱毛并结痂　　图 2-39　病羊局部皮肤脱毛　　图 2-40　病羊在绳索下摩擦发痒的背部

病理
变化

剖检病死羊除可见尸体消瘦、被毛脱落及皮肤损伤外，常无肉眼可见的病理变化。组织病理学检查出的变化是中枢神经系统的海绵样变性。自然感染的病羊以中枢神经系统神经元的空泡变性和星状胶质细胞肥大增生为特征。病变通常是非炎症性的，且两侧对称，大量的神经元发生空泡化，胞质内出现 1 个或多个空泡，呈圆形或卵圆形，界限明显，胞核常被挤压于一侧甚至消失，神经元空泡化主要见于延脑、脑桥、中脑和脊髓。星状细胞肥大增生，呈弥漫性或局灶性，多见于脑干的灰质和小脑皮质内，大脑皮层常无明显的变化。

病名	与羊痒病的相似点	与羊痒病的不同点
羊伪狂犬病	二者均表现食欲减退，瘙痒，脱毛，兴奋，震颤	羊伪狂犬病的病原为伪狂犬病病毒；病羊口流泡沫液体，体温升高（40.9~41.5℃）；剖检可见脑膜、脑脊髓化脓性炎症，神经细胞核内有包涵体
羊梅迪－维斯纳病	二者均表现精神不振，食欲减退，瘙痒，脱毛	痒病在临床表现上具有特征性，病羊瘙痒，组织病理学检查中枢神经系统呈海绵样变性，神经元发生空泡化，星状胶质细胞肥大增生，与梅迪－维斯纳病不同。此外，患梅迪－维斯纳病时可用免疫血清学方法检出抗体，而痒病则不能
羊李氏杆菌病	二者均表现食欲减退，精神不振，共济失调	李氏杆菌病的病原为李氏杆菌；多数病例表现脑炎症状，如转圈、倒地、四肢作游泳状姿势、颈部强直、角弓反张，妊娠羊可出现流产；采取血液或肝脏、脾脏、肾脏、脑脊髓液、脑的病变组织等进行触片或涂片镜检，可见革兰阳性、呈"V"形排列或并列的细小杆菌
羊脑多头蚴病	二者均表现食欲减退，精神不振，共济失调	羊脑多头蚴病的病原为脑多头蚴；病羊常有头骨变薄、变软和皮肤隆起等症状，可用变态反应诊断
羊虱病、螨病	三者均表现精神不振，食欲减退，瘙痒，脱毛	螨病、虱病虽然能引起擦痒、咬伤、皮毛脱落、皮肤发炎等，但仔细检查可发现螨、虱等寄生虫
羊脑软化症	二者均表现共济失调，兴奋不安，失明	羊脑软化症无传染性，不发痒，病程短（2~6天）；剖检可见脑有软化坏死

目前本病尚无有效的治疗方法，只能加强预防。

1）预防本病的主要措施是灭蜱，在蜱活动季节，定期对易感动物进行药浴或喷雾杀虫；对患痒病的病羊、隐性感染羊采取扑杀后焚化。在疫区可以用鸡胚化弱毒疫苗进行接种。

2）禁止从痒病疫区引进羊、羊肉、羊的精液和胚胎等。

3）禁止用病死羊加工蛋白质饲料，禁止用反刍动物蛋白质饲喂羊。

4）加强对市场和屠宰场肉类的检验，检出的病羊肉必须销毁，不得食用。受感染羊只及其后代坚决扑杀。

5）定期消毒。常用的消毒方法有：焚烧、5%~10% 氢氧化钠溶液作用 1 小时、5% 次氯酸钠溶液作用 2 小时、浸入 3% 十二烷基磺酸钠溶液煮沸 10 分钟。

七、羊痘

羊痘又称羊天花，包括绵羊痘和山羊痘，分别由绵羊痘病毒和山羊痘病毒感染所引起的急性、热性、接触性传染病。绵羊痘的病原是绵羊痘病毒，山羊痘的病原是山羊痘病毒，两种病原不能交叉感染。

本病临床特征为在无毛或少毛部位的皮肤、黏膜发生痘疹。

图 2-41　病羊体表皮肤痘疹

流行
特点

自然条件下，绵羊痘只发生于绵羊，不传染给山羊和其他家畜。山羊痘也只发生于山羊。绵羊感染发病较多；山羊感染发病较少，且症状不明显。

病羊和带毒羊为主要传染源，主要通过呼吸道传播，也可经损伤的皮肤、黏膜感染。饲养人员、饲养管理用具、皮毛产品、饲草、垫料及外寄生虫均可成为传播媒介。绵羊痘是各种家畜痘病中危害最严重的传染病，羔羊发病死亡率高，妊娠母羊可发生流产，若产羔季节流行，可导致很大损失。

图 2-42　病羊脸部皮肤痘疹

本病一般于冬末春初多发。气候寒冷、雨雪、霜冻、饲料缺乏、饲养管理不良、营养不足等因素均可促发本病。

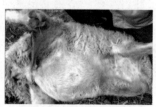

图 2-43　病羊四肢内侧皮肤痘疹

临床
症状

潜伏期为 6~8 天。流行初期只有个别羊只发病，以后逐渐蔓延至全群。病羊体温升高达 41~42℃，精神不振，食欲减退，并伴有可视黏膜卡他性、化脓性炎症。经 1~4 天后，开始发痘。痘疹多发生于皮肤、黏膜无毛或少毛部位，如眼周围、唇、鼻、颊、四肢内侧、尾内面、阴唇、乳房、阴囊及包皮上（图 2-41~ 图 2-45）。开始为红斑，1~2 天后形成丘疹，凸出于皮肤表面，坚实而苍白。随后，丘疹逐渐扩大，变为灰白色或浅红色半球状隆起的结节。结节在 2~3 天内变成水疱，水疱内

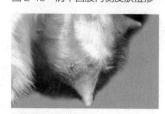

图 2-44　病羊乳房皮肤痘疹

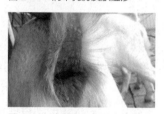

图 2-45　病羊肛门周围皮肤痘疹

容物逐渐增多，中央凹陷呈脐状。在此期间，体温稍有下降。由于白细胞的渗入，水疱变为脓性，不透明，成为脓疱。化脓期间体温再度升高。如无继发感染，则几天内脓疱干缩成为褐色痂块，脱落后遗留微红色或苍白色的瘢痕，经3~4周痊愈。

非典型病例不呈现上述典型症状或经过。有些病例，病程发展到丘疹期而终止，即所谓顿挫型经过。少数病例，因发生继发感染，痘疹出现化脓和坏疽，形成较深的溃疡，发出恶臭，常为恶性经过，易引起死亡，病死率可达40%~50%。

一般山羊痘发病较轻，痘疹常限于乳房，少数延及唇和齿龈。

病理变化　剖检可见口腔、咽黏膜肥厚、水肿、呈暗褐色，有红斑、丘疹和水疱，但不形成脓疱；前胃和皱胃黏膜往往有大小不等的圆形或半球形坚实结节（图2-46），单个或融合存在，严重者形成糜烂或溃疡；肠黏膜有浅表性溃疡，有时有脓疱；咽喉部、支气管黏膜也常有痘疹；肺部可见干酪样结节及卡他性肺炎区（图2-47）；部分肝变，有时可见黄豆大、灰白色或浅黄色干酪样坏死灶，有些小叶变成坏疽；胸膜下有圆形的梗塞或类似水疱内含干酪样物质的浅灰色结节。

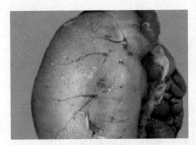 

图2-46　病羊瘤胃外壁有结节病灶　　　图2-47　病羊肺表面有结节病灶

类症鉴别

病名	与羊痘的相似点	与羊痘的不同点
羊口疮	二者均表现精神不振，食欲减退，体温升高，唇、鼻皮肤出现小结节，继而形成水疱或脓疱，而后结棕色痂	羊口疮的病原为羊口疮病毒；病羊去痂后露出凹凸不平呈桑葚状的肉芽组织；易出血，如形成瘘管，压之流脓；硬腭、齿龈易溃疡成片，有时舌尖可烂掉
羊口蹄疫	二者均有精神不振，食欲减退，体温升高，乳房、蹄部、口、舌有水疱，气管、支气管和前胃黏膜有溃疡等	羊口蹄疫的病原为口蹄疫病毒；蹄趾间水疱破裂形成溃疡，跛行；用生物素标记探针技术检测口蹄疫病毒，特异性强

预防
措施

1）平时加强饲养管理，抓好秋膘，注意冬季保暖和环境的清洁卫生。

2）在绵羊发病地区，每年进行预防接种。如已发现病羊立即隔离羊群。对未发病羊，用羊痘鸡胚化弱毒疫苗进行紧急接种（无论大小均在尾根或股内侧皮下注射 0.5 毫升），4~6 天产生可靠免疫力，免疫期可持续 1 年。对病羊住过的羊圈、用具均进行消毒。病死的羊尸体应深理。如需利用羊皮，注意消毒防疫措施，防止病毒扩散。

八、羊传染性胃肠炎

羊传染性胃肠炎是由冠状病毒感染所引起的一种急性肠道传染病，其临床特征为病羊急性、剧烈腹泻，排腥臭粪便，小肠病变严重。

流行
特点

羊传染性胃肠炎主要以病羊和带毒羊进行传染，患病羊的尿液和粪便都存在大量病毒，这些排泄物污染环境、饲料和水源之后，传播给其他羊。病毒主要经过消化道传播，任何品种的羊均可感染。

本病主要危害 7 日龄以内的羔羊，断奶羊、育成羊和成年羊发病症状较轻。

临床
症状

患病羊在发病初期表现为呕吐、精神萎靡不振，食欲减退直至废绝。随后出现剧烈腹泻，粪便呈现灰白色或浅黄色水样稀便，腥臭难闻，在粪便中存在黏膜和凝乳块，并有大量细小泡沫（图 2-48、图 2-49）；体温显著升高（40℃以上）；患病羔羊饮水量增加，病死羔羊在临死前极度消瘦和虚弱，最终脱水衰竭而死。

图 2-48　病羊腹泻、消瘦　　　　　　图 2-49　病羊拉的稀便、带细小泡沫

病理
变化

剖检病变主要在小肠和胃部。在羔羊瘤胃内充满大量未消化的凝乳块，胃底部黏膜严重充血水肿，并且胃黏膜容易剥离，在胃黏膜下存在出血斑点，胃壁松弛。羔羊小肠病变严重，肠黏膜充血水肿，并且黏膜脱落，肠道内存在未消化吸收的凝乳块，肠内容物存在大量泡沫，肠壁扩张，弹性降低。肠系膜淋巴结充血水肿，小肠绒毛萎缩。

病名	与羊传染性胃肠炎的相似点	与羊传染性胃肠炎的不同点
羔羊梭菌性痢疾	二者均有精神不振，食欲减退，腹泻，肠炎等症状	羔羊梭菌性痢疾的病原为 B 型魏氏梭菌，抗生素治疗效果良好
羊大肠杆菌病（肠型）	二者均有精神不振，食欲减退，腹泻，肠炎等症状	羊大肠杆菌病的病原为大肠杆菌；体温高达40.5~41℃，不久下痢转为正常，稀粪由灰黄色变为灰色，且含有气泡；剖检可见皱胃、大小肠黏膜充血，肠内容物呈黄灰色半液状；大肠杆菌单克隆诊断制剂可诊断
羊球虫病	二者均有精神不振，食欲减退，腹泻，肠炎等症状	羊球虫病的病原为球虫，剖检可见小肠黏膜有浅黄色或黄色粟粒至豌豆大的结节成簇分布，粪中含有大量卵囊
羔羊消化不良	二者均有精神不振，食欲减退，腹泻，肠炎等症状	初生羔羊消化不良是由于母羊营养不良和环境卫生不好、气候不良而发病，粪有气泡和白色凝乳块、白色无机盐类，有酸臭味；实验室检测无传染性胃肠炎病毒

加强羊群的饲养管理，执行检疫、环境卫生消毒等预防措施。

发病期间减少羔羊吃乳量，做好补液工作。治疗时选择使用葡萄糖 43.2 克、氯化钠 9.2 克、甘氨酸 6.6 克、柠檬酸 0.52 克、柠檬酸钾 0.1 克、无水磷酸钾 4.35 克，溶于 2 升水中，静脉注射，同时肌内注射庆大霉素 2 万单位，每天 1 次，连续使用 5 天。

九、羊肺腺瘤病

羊肺腺瘤病又称羊肺癌，是由羊肺腺瘤病病毒感染所引起的一种接触传染性、慢性呼吸道疾病。本病以病羊肺泡和支气管上皮呈进行性腺瘤样增生、咳嗽、流鼻液、消瘦及呼吸困难为特征。其发病率不高，但病死率很高。

本病多发于绵羊，病羊是本病的传染源。本病潜伏期长，临床发病多为 3~5 岁的绵羊，母羊发病较多。病羊通过咳嗽、喘气将病毒排出，经呼吸道使附近的易感羊感染。也有通过胎盘使羔羊发病的报道。不同品种、年龄、性别的绵羊均易感染，但以美利奴绵羊的易感性最高，山羊也能感染发病。羊群拥挤，尤其是在密闭的羊舍中利于本病的传播。冬季寒冷，可使病情加重，也容易引起羊继发细菌性肺炎致使病程缩短，死亡增多。

潜伏期为 6~9 个月。早期，当病羊生理状况良好时，临床症状不明显，随着病程的延长，在不知不觉中或剧烈运动、长期驱赶后发生呼吸频率加快或呼吸困难。以后，仍表现为呼吸快而浅表，不能平息。病羊为了吸进氧气，头伸直，鼻孔扩张，张口呼吸，并常伴有咳嗽（图 2-50）。当病羊头下垂或居高临下时，一种稀薄的分泌物从鼻孔流出。听诊或叩诊可发现湿啰音和肺实变区，尤其在肺的腹面部更加明显。体温一般正常。末期体温升高，病羊衰竭、消瘦、贫血，但仍保持站立姿势，因为躺卧时呼吸更加困难。一般经数周或数月死亡。本病感染羊群的发病率为 2%~4%，病死率高达 100%。

图 2-50　病羊呼吸困难，咳嗽

剖检病变主要见于肺和心脏，有时也见于胸腔内淋巴结。整个肺的外观，常因气肿、上皮增生、液体含量增多而显著增大，其体积可达正常肺的 3~4 倍，剖检肺切面有水流出。病变初期，在肺的不同部位出现数量不等、呈弥散性分布的、粟粒或豌豆大小的灰白色结节，微高出于肺表面。随着病程的发展，出现较大的实变区，见于肺的任何部位，主要见于尖叶、心叶和隔叶前缘（图 2-51~图 2-53）；其边缘不整，质地硬脆，触之有滑腻感；切面呈明显的颗粒状凸起，反光强。如有继发感染，则形成大小不一的脓肿。此外，患区胸膜增厚，常与胸壁或心包膜粘连。部分病例因肿瘤转移，致使局部淋巴结（支气管和纵隔淋巴结）增大，形成不规则肿块；左心室增生、扩张。肺泡壁细胞和支气管黏膜上皮细胞增殖形成瘤样化，肿瘤呈乳头状凸起；腺瘤样化的肺泡中隔有不同程度的细胞浸润及结缔组织增生，造成中隔显著肥厚。

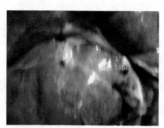

图 2-51　病羊肺表面上皮细胞增生瘤状物

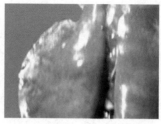

图 2-52　病羊肺部组织出现增生瘤状物，肺气肿

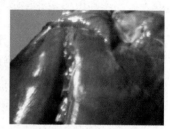

图 2-53　病羊肺表面上皮细胞增生

病名	与羊肺腺瘤病的相似点	与羊肺腺瘤病的不同点
羊支原体性肺炎	二者均表现精神不振，体温升高，咳嗽，呼吸困难，流鼻液	羊支原体性肺炎的病原为丝状支原体，山羊敏感，体温达 41~42℃，叩诊肋部疼痛，听诊有捻发音；剖检可见胸膜粗糙，与胸膜、心包粘连，上附纤维蛋白；病料涂片镜检可见支原体
羊梅迪一维斯纳病（呼吸型）	二者均有绵羊易感，消瘦，衰弱，呼吸困难	羊梅迪一维斯纳病的病原为梅迪一维斯纳病毒，潜伏期为 2 年以上，鼻孔开张，头高仰；剖检可见肺叶与胸膜粘连，胸膜有针尖大小白点，用 50% 醋酸涂后 2 分钟即显灰白色小点
羊巴氏杆菌病	二者均表现精神不振，咳嗽，呼吸困难	羊巴氏杆菌病的病原为巴氏杆菌；多种动物易感，结膜潮红多眵，胸颈皮下水肿；剖检可见皮下液体浸润，有小点出血和肝变；病料涂片镜检可见两极染色的卵圆杆菌；抗生素治疗有效
羊网尾线虫病	二者均表现精神不振，咳嗽，呼吸困难，虚弱，消瘦，流鼻液	羊网尾线虫病的病原为网尾线虫；病羊有阵发性剧烈咳嗽，在咳出痰团中和剖检支气管可见有成虫、幼虫和虫卵
绵羊进行性肺炎（梅迪病）	二者均表现呼吸困难，消瘦	绵羊进行性肺炎的病原为绵羊进行性肺炎病毒，2 岁以内的绵羊很少发病，最常见的是 4 岁以上的绵羊，不咳嗽，不流鼻液；剖检可见肺膨大 2~4 倍，较坚实，肺泡和支气管周围有淋巴细胞积聚

目前尚无有效疗法，也无特异性预防的免疫制剂。因此，平时预防极为重要。预防主要靠发现病羊及时淘汰（扑杀），不到疫区引进种羊，加强检疫和消毒工作，确保羊只健康，形成自繁自育羊群。进羊时严格检疫。羊群中一经发现本病，很难清除，须全群淘汰，以清除病源。

十、羊轮状病毒感染

羊轮状病毒感染是由轮状病毒引起的一种人兽共患的急性肠道传染病，羔羊的主要症状为厌食、呕吐、下痢，成年羊多为隐性感染，没有症状。

本病的发生有一定的季节性，多发生于秋末至春初。各种年龄的羊均可感染，在流行地区由于大多数成年羊均已感染而获得免疫。因此，发病羊多是 8 周龄以下的羔羊。患病的人、畜及隐性感染的带毒羊，是本病的传染源，轮状病毒主要存在于病羊及带毒羊的消化道，随粪便排到外界环境后，污染饲料、饮水、垫草及土壤等，经消化道感染。排毒时间可持续数天，可严重污染环境，加之病毒对外界环境有顽强的抵抗力，使该病毒在成年羊、育成羊、羔羊之间反复循环感染。另外，人和其他动物也可散播传染。

临床症状

潜伏期一般为12~24小时，常呈地方性流行。羊病初精神沉郁，食欲不振，不愿走动，有些羔羊吮奶后发生呕吐，之后出现严重腹泻，粪便呈黄色、灰色或黑色，为水样或稠状（图2-54）。有病羊腹围增大、形似肚胀（图2-55）。症状的轻重取决于发病羊的日龄、免疫状态和环境条件，缺乏母源抗体保护的初生羔羊症状最重，环境温度下降或继发大肠杆菌病时，常使症状加重，病死率增高。通常20日龄以上的羔羊的症状较轻，腹泻数日即可康复，成年羊多为隐性感染。

图2-54　患病羊群群发性腹泻、拉黑色水样稀便

图2-55　病羊腹围增大、形似肚胀

病理变化

病变主要在消化道，前胃弛缓，充满凝乳块和乳汁，肠管变薄，内容物为液态，呈灰黄色或灰黑色，小肠绒毛缩短，肠系膜淋巴结肿胀，胆囊肿大。

类症鉴别

病名	与羊轮状病毒感染的相似点	与羊轮状病毒感染的不同点
羊传染性胃肠炎	二者均表现精神沉郁，腹泻、脱水	羊传染性胃肠炎的病原为冠状病毒；只感染羊，其他动物不发病；从刚出生的小羊到成年羊均可发病，表现出呕吐、水样腹泻。而轮状病毒主要感染8周龄以内的羔羊。羊传染性胃肠炎剖检后，除了小肠病变外，少数病例还可以见到胃底出血；用空肠和回肠的黏膜上皮细胞制成涂片进行直接免疫荧光检测，可以最终确诊
羊沙门菌病	二者均表现精神沉郁，腹泻、脱水	羊沙门菌病的病原为羊沙门菌，各种年龄的羊均可感染；病羊排乳白色稀粪，有特异性腥臭味，一般不见呕吐；剖检病变主要在胃和小肠的前部，肠壁菲薄透明，不见出血表现；细菌分离鉴定可见沙门菌，抗生素和磺胺类药物对本病有较好疗效

病名	与羊轮状病毒感染的相似点	与羊轮状病毒感染的不同点
羊伪狂犬病	二者均表现精神沉郁、呕吐、腹泻、脱水	羊伪狂犬病的病原为伪狂犬病病毒，病羊发病时体温升高（41~41.5℃），除了呕吐和腹泻外，还有神经症状；同时，母羊可见流产、死胎和木乃伊胎儿；对于羔羊，伪狂犬病病死率很高；剖检可见鼻腔扁桃体炎性水肿；取发病羔羊延脑制成乳剂后，肌内注射兔子的腿部，几天后，注射部位出现奇痒，即可确诊；同时实验室的直接免疫荧光、酶联免疫吸附试验等可以确诊

预防措施　加强饲养管理，认真执行一般的兽医防疫措施，增强母羊和羔羊的抵抗力。在流行地区，可用羊轮状病毒油佐剂苗于妊娠母羊临产前 30 天，肌内注射 2 毫升；羔羊于 7 日龄和 21 日龄各注射 1 次。弱毒苗于临产前 5 周和 2 周分别肌内注射 1 次。同时要使新生羔羊早吃初乳，接受母源抗体的保护以减少发病和减轻病症。

治疗方法　目前无特效的治疗药物。发现病羊立即隔离，停止喂乳，以葡萄糖盐水或复方葡萄糖溶液（葡萄糖 43.20 克、氯化钠 9.20 克、甘氨酸 6.60 克、柠檬酸 0.52 克、柠檬酸钾 0.13 克、无水磷酸钾 4.35 克，溶于 2000 毫升水中即成）给病羊自由饮用。同时，进行对症治疗，投服收敛止泻剂，如药用炭、碱式硝酸铋、矽炭银等，使用抗菌药物如青霉素、链霉素、庆大霉素、诺氟沙星、环丙沙星或恩诺沙星等防止继发细菌性感染，脱水严重时可静脉注射 5% 葡萄糖注射液、生理盐水或复方氯化钠注射液等。必要时用 5% 碳酸氢钠注射液纠正酸中毒，一般都可获得较好的疗效。也可试用中草药进行治疗。

十一、羊传染性脑脊炎

羊传染性脑脊炎又称羊脑脊炎、羊跳跃病、苏格兰脑炎，是由苏格兰脑炎病毒经蜱传播主要引起绵羊发病的一种急性病毒性传染病。以双相热、精神沉郁、共济失调、震颤、后肢麻痹、昏迷和死亡为特征。

流行特点　本病主要发生于绵羊，偶尔可引起山羊患病，也可感染牛、马、犬、鹿和野生动物。传染媒介为蜱，感染该病毒的蜱通过叮咬传播本病。偶尔可以传染给人，表现为流感样症状、双相热脑炎、脊髓灰质炎样疾病或出血热，但不至于引起死亡。

本病仅发生于多蜱的山区。

临床
症状

（1）**绵羊** 潜伏期为1~3周。羊发病初期表现高热、体温达40~42℃，精神委顿，食欲消失，数日后温度下降，情况好转。但1周之后，体温再度升高，出现典型的神经症状，病羊出现震颤，因而又称为震颤病，以头、颈部震颤最为明显；共济失调；感觉过敏。随着疾病的发展，出现跳跃，时而像小跑的马，时而向前冲跳，并躺倒，终至痉挛和麻痹、角弓反张、昏迷，病程一般为7~12天。

（2）**山羊** 虽无临床病例报告，但对苏格兰野山羊的调查证明，很多羊都具有本病的抗体，说明山羊有可能发生过本病。

病理
变化

剖检可见脑膜血管充血，其他器官无特异性肉眼可见病变。

类症
鉴别

病名	与羊传染性脑脊炎的相似点	与羊传染性脑脊炎的不同点
羊李氏杆菌病	二者均表现视力障碍，厌食，卧地四肢划动，有时过度兴奋	羊李氏杆菌病的病原为李氏杆菌；病羊高温不久即降至常温，乱闯遇障碍物时才停，转圈，角弓反张，流鼻液；病料涂片镜检可见"V"形排列的杆菌
羊癫病	二者均表现流涎，磨牙，头颅肌肉震颤，反复发生惊厥	羊癫病病例无传染性，平时健康，突然倒地，强直痉挛，口吐沫，瞳孔散大，几分钟即恢复正常
羊食盐中毒	二者均表现兴奋不安，视力障碍，流涎，磨牙，卧地四肢划动	羊食盐中毒病例因多吃食盐而发病，无传染性，结膜发绀，口吐泡沫，盲目行走，腹泻；剖检可见胃肠黏膜充血、出血、脱落

预防
措施

重在控制羊蜱的危害，进行有规律的药浴或喷雾，并对蜱活动严重的草场进行焚烧和彻底割除，预防作用明显。对流行地区的羊注射传染性脑脊炎疫苗，控制本病传播。

治疗
方法

接触病毒后的48小时内，注射抗血清可望得到保护，一旦出现体温升高，使用抗血清无效。如果未发生后肢麻痹，给予大量镇静剂可望治愈，但有可能成为带毒者。

第三章
羊细菌性传染病的
鉴别诊断与防治

03

一、羊快疫

羊快疫是由腐败梭菌感染所引起的一种急性、致死性传染病。其特征是羊发病突然，病程极短，很快死亡，胃和肠发生出血性炎症，并在消化道内产生大量气体。

流行
特点

绵羊对本病易感，山羊和鹿也可感染。主要经消化道感染。腐败梭菌通常以芽孢体形式散布于自然界，特别是潮湿、低洼或沼泽地带。羊只采食污染的饲草或饮水，芽孢随之进入消化道，但并不一定引起发病。当存在诱发因素时，特别是秋冬或早春季节气候骤变、阴雨连绵之际，羊寒冷饥饿或采食了冰冻带霜的草料时，机体抵抗力下降，腐败梭菌即大量繁殖，产生外毒素，使消化道黏膜发炎、坏死并引起中毒性休克，使病羊迅速死亡。本病以散发为主，发病率低而病死率高。

病羊往往来不及表现临床症状即突然死亡，常见在放牧时死于牧场或早晨发现死于圈舍内（图3-1）。病程稍缓者，表现为不愿行走，运动失调，腹痛、腹泻，磨牙抽搐，最后衰弱昏迷，口流带血泡沫，多于数分钟或几小时内死亡，病程极为短促。

病死羊尸体迅速腐败膨胀。剖检可见可视黏膜充血、呈暗紫色；体腔、心包多有积液。特征性表现为皱胃出血性炎症，胃底部及幽门部黏膜可见大小不等的出血斑点及坏死区，黏膜下发生水肿（图3-2、图3-3）；肠道内充满气体，常有充血、出血、坏死或溃疡（图3-4、图3-5）；心肌，心内、外膜可见点状出血（图3-6、图3-7）；胆囊多肿胀；肾脏肿胀、瘀血（图3-8）。

图3-1 病羊发病急，突然死亡

图3-2 病羊皱胃有出血点

图3-3 病羊皱胃黏膜水肿、出血

图3-4 病羊小肠充血、出血

图3-5 病羊肠壁增厚，出血

图3-6 病羊心肌出血

图3-7 病羊心内膜出血

图3-8 病羊肾脏肿胀、瘀血

类症鉴别	病名	与羊快疫的相似点	与羊快疫的不同点
	羊肠毒血症	二者均常不显症状即突然死亡，不愿走动、昏迷、心包积液	羊肠毒血症的病原为 D 型魏氏梭菌，以吸收毒素多少不等而表现两种症状，死前四肢强力划动，肌肉震颤，眼睛转动，或病初步态不稳，随即昏迷，角膜反射消失，流涎，磨牙；剖检可见皱胃有未消化饲料，仅心包有积液、呈灰黄色、有絮状物，胸腺常出血，肾脏、脑软化
	羊猝狙	二者均多发于冬、春季，发病年龄为 1~2 岁，有疝痛，发病数小时后死亡，有的不显症状突然死亡，心包、胸腹腔大量积液	羊猝狙的病原为 C 型产气荚膜梭菌；患病羔羊停止吸乳，体温正常或偏低；剖检可见十二指肠、空肠黏膜严重发炎、糜烂、脱落，有的有溃疡；骨骼肌刚死时正常，8 小时内即有血样液体，胸腺、心浆膜瘀血；体腔液体可分离出病原菌，小肠内有 β 毒素
	羊黑疫	二者均多发于冬、春季，常不显症状即突然死亡，体温升高（41.5℃），昏迷至死	羊黑疫的病原为 B 型诺维氏梭菌；病羊呼吸困难，伏卧；剖检可见皮肤呈暗黑色，胸腹腔液为血色，肝脏有凝固性坏死灶，四周有鲜红色充血带（特征）；肝脏坏死灶中可分离出诺维氏梭菌
	羊炭疽	二者均表现运动失调，病后迅速死亡	羊炭疽的病原为炭疽杆菌；病羊突发眩晕，磨牙，全身痉挛，天然孔流血，死后膨胀，尸僵不全；炭疽沉淀反应呈阳性

预防措施

（1）**加强平时的防疫**　在本病常发地区，每年春季用"羊肠毒血症、快疫、猝狙三联菌苗"进行免疫注射。

（2）**加强饲养管理**　避免羊只采食冰冻饲草，早晨放牧不要太早，防止羊受寒感冒。

（3）**隔离消毒**　对病死羊只进行焚烧或深埋；严格消毒污染的场地和用具，迁移圈舍，更换牧场。

治疗方法

（1）**强心补液**　可用 10% 葡萄糖生理盐水 500~1000 毫升与 10% 安钠咖 5~10 毫升静脉注射。

（2）**消除肠道炎症**　按每千克体重 5 万单位肌内注射硫酸卡那霉素或用痢菌剂拌料。

二、羊黑疫

羊黑疫又被称为传染性坏死性肝炎，是由 B 型诺维氏梭菌感染所引起的一种急性高度致死性毒血症，特征为羊体内肝脏坏死，病死羊皮下血管充血，从而导致表皮发黑，故称为黑疫。

流行特点

本病主要发生于低洼潮湿地区，以春、夏季多发。以 2~4 岁、营养好的绵羊多发，山羊也可发生。诺维氏梭菌广泛存在于土壤之中，羊采食被芽孢污染的饲料后，芽孢通过胃肠壁经门脉进入肝脏，当羊感染肝片形吸虫时，易诱发本病。本病的发生与肝片形吸虫的感染程度密切相关。

临床症状

发病后病羊表现精神委顿，废食，离群，步态不稳，后期四肢无力卧地，有的表现腹痛，病羊呼吸困难，体温升高达 41.5℃左右，呈昏睡俯卧，死前不挣扎即死亡，有的晚上无任何症状，第 2 天早晨死于圈中，有的卧地毫无痛苦地突然死去（图 3-9），发病羊只与年龄无关，发病羊多为营养良好、肥胖羊只。

图 3-9 病羊发病急，突然死亡

病理变化

剖检可见病羊尸体皮下静脉显著充血，皮肤呈暗黑色，急宰剖检时，流出少量暗红色血液，放血不全，剥皮时可见血液贮留在血管内。胸腔有少量积液，心内膜有出血斑，心耳出血、坏死，心包积液，积液暴露在空气中易凝固，体液常呈黄色；腹腔积液略带血色；脾脏轻度肿胀，表面有出血点；肝脏充血肿胀，从表面上看到灰黄色树枝状坏死灶（图 3-10），界限分明，并可摸到有多个凝固性坏死灶，切面呈半圆形，肝脏内有肝片形吸虫存在；胆囊肿胀，胆汁稀薄，胆囊也可见到肝片形吸虫；胃有出血性炎症（图 3-11），大网膜出血；小肠有出血性炎症，肠系膜淋巴结肿胀（图 3-12）。

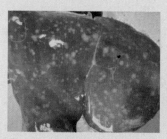
图 3-10 病羊肝脏表面和实质有大小不等的灰黄色坏死灶

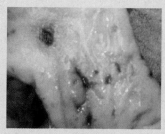
图 3-11 病羊皱胃充血、出血

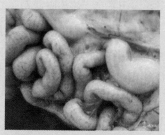
图 3-12 病羊小肠充血、出血

病名	与羊黑疫的相似点	与羊黑疫的不同点
羊快疫	二者均常不显症状即突然死亡，体温升高（41.5℃），昏迷至死，心包积液	羊快疫的病原为腐败梭菌；病羊表现磨牙，喉、舌肿胀，口流血色泡沫，疝痛，结膜充血；剖检可见皮下组织呈胶冻样浸润，皱胃幽门部有紫红色出血斑块；肝脏触片镜检可见腐败梭菌
羊肠毒血症	二者均常不显症状即突然死亡，死前不食，昏迷至死，心包积液	羊肠毒血症的病原为 D 型魏氏梭菌；病羊下痢，粪含黏液、血液、有恶臭，四肢划动；剖检可见肾脏变软，小肠、肾脏可发现大量 D 型魏氏梭菌，小肠内有 β 毒素
羊猝疽	二者均常不显症状即突然死亡，死前不食，昏迷至死，心包积液	羊猝疽的病原为 C 型产气荚膜梭菌；病羊腹痛、痉挛；剖检可见十二指肠、空肠黏膜严重充血、糜烂、脱落，有的区段有溃疡，肠内充满血液和组织碎片；骨骼肌在刚死时表现正常，死后8小时肌间积聚血样液体并有气性裂孔（气泡），小肠内容物有β毒素
羊炭疽	二者均多发于低洼处，常不显症状即突然死亡	羊炭疽的病原为炭疽杆菌（竹节状，有荚膜，无鞭毛）；病羊表现磨牙，全身痉挛，天然孔出血，死后臌胀，尸僵不全；炭疽沉淀反应呈阳性

本病病程短促，发病急、死亡快，常常来不及治疗，因此只能以预防为主。

1）本病流行的地区应做好控制肝片形吸虫感染的工作。

2）在发病季节，将羊群及时转移到高燥地区或直接将羊圈建在干燥处。

3）常发病地区每年定期注射"羊快疫、肠毒血症、羊猝疽、羔羊梭菌性痢疾、羊黑疫五联苗"（厌气菌五联疫苗），每只羊皮下或肌内注射 5 毫升，注苗 2 周后产生免疫力，保护期达半年；也可用抗诺维氏梭菌血清进行早期预防，每只羊皮下或肌内注射 10~15 毫升，必要时可重复 1 次。

4）药物预防。用溴酚磷，按每千克体重 16 毫克，1 次内服；或用丙硫苯咪唑，按每千克体重 15~20 毫克，1 次内服。

对已经患病的羊只，病程较长者，在发病早期，对病羊和羊群静脉或肌内注射抗诺维氏梭菌血清（含 7500 单位 / 毫升）50~80 毫升，注射 1~2 次；对病程稍缓的病例可肌内注射青霉素 80 万 ~160 万单位，每天 2 次，连用 3 天。

病死羊一律焚烧或深埋，污染场地和羊舍用 20% 漂白粉溶液彻底消毒。

三、羊猝疽

羊猝疽是由 C 型产气荚膜梭菌感染所引起的一种细菌性传染病，1~2 岁的绵羊多发。以急性死亡、腹膜炎和溃疡性肠炎为特征。

流行特点

本病发生于成年羊，以 1~2 岁绵羊发病较多，特别是当饲料丰富时易感染，常见于低洼、沼泽地区，多发生于冬季，常呈地方性流行。

本病经消化道感染，主要侵害绵羊，有时也可感染山羊。被 C 型产气荚膜梭菌污染的牧草、饲料和饮水都是传染源。病菌随着羊采食和饮水经口进入消化道，在肠道中生长繁殖并产生毒素，致使羊形成毒血症而死亡。不同年龄、品种、性别均可感染。但 1~2 岁的羊比其他年龄的羊发病率高。

临床症状

感染发病的羊病程很短，一般为 3~6 小时，往往不见早期症状而死亡，有时可见突然无神、剧烈痉挛、侧身卧地、咬牙、眼球凸出、惊厥而死。以腹膜炎、溃疡性肠炎和急性死亡为特征。

病理变化

剖检可见十二指肠和空肠黏膜严重充血糜烂，个别区段可见大小不等的溃疡灶（图 3-13、图 3-14）；体腔、心包多有积液，暴露于空气中易形成纤维素絮块；浆膜上有小点出血。死后 5 小时，骨骼肌肌间积聚有血样液体，肌肉出血。

图 3-13　病羊肠壁潮红，血管明显，肠内容物稀薄、色红

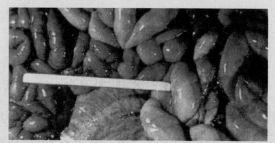

图 3-14　病羊肠黏膜严重出血，肠道外观呈黑紫色

病名	与羊猝疽的相似点	与羊猝疽的不同点
羊快疫	二者均多发于冬、春季，发病年龄为1~2岁（6~18月龄），均表现疝痛，发病数小时死亡，常不显症状即突然死亡，均有心包、胸腹腔积液	羊快疫的病原为腐败梭菌；病羊体温升高（41.5℃），躺卧不愿行走，强迫行走时运动失调；剖检可见皱胃有出血性炎症，幽门部有出血瘀块，表面坏死，体腔液见空气即凝固；肝脏触片镜检可见腐败梭菌
羊肠毒血症	二者均表现发病数小时死亡，有时不显症状即突然死亡，均有小肠炎症（回肠），心包积液	羊肠毒血症的病原为D型魏氏梭菌；病羊下痢并混有黏液、血液、有恶臭，磨牙，流涎；剖检可见肾脏充血，幼羊呈乳糜状，大羊逐渐变软，尤以死后6小时更明显；腹腔液中可发现D型魏氏梭菌，肠内容物有β毒素
羊黑疫	二者均表现不显症状即突然死亡，均有体温升高（41.5℃）、昏睡，心包、胸腹腔积液	羊黑疫的病原为B型诺维氏梭菌；病羊表现昏睡至死；剖检可见皮肤呈暗黑色（黑疫），心包、胸腔液呈黄色，腹腔液呈血色，肝脏表面有坏死灶（直径2~3厘米），周围有鲜红色充血带（黑疫特征）；肝坏死灶中可分离出B型诺维氏梭菌
羊炭疽	二者均表现痉挛，病不久即死亡	羊炭疽的病原为炭疽杆菌；多发于洪水泛滥之际，全身痉挛，天然孔流血，死后尸体臌胀，尸僵不全；炭疽沉淀反应呈阳性

（1）**加强平时的防疫**　在本病常发地区，每年春季用"羊肠毒血症、快疫、猝疽三联菌苗"进行免疫注射。

（2）**加强饲养管理**　避免羊只采食冰冻饲草，早晨放牧不要太早，防止羊受寒感冒。

（3）**隔离消毒**　对病死羊只进行焚烧或深埋；严格消毒污染的场地和用具，迁移圈舍，更换牧场。

（1）**强心补液**　可用10%葡萄糖生理盐水500~1000毫升与10%安钠咖5~10毫升静脉注射。

（2）**消除肠道炎症**　按每千克体重5万单位肌内注射硫酸卡那霉素或用痢菌剂拌料。

四、羊炭疽

炭疽是由炭疽杆菌感染引起的一种急性、热性、败血性人兽共患传染病。其特征是羊突然发病死亡，可视黏膜发绀和天然孔流血。

流行特点

本病常呈散发或地方性流行。

病死畜是炭疽的主要传染源。绵羊最易感染，病羊体内及排泄物、分泌物中含有大量的炭疽杆菌，如果病羊尸体及被污染的环境处理不当，可造成疫病的传播。并且，值得注意的一点是：本菌的繁殖体抵抗力不强，但芽孢抵抗力极强，在土壤、污水及羊皮上可以多年不死，造成环境的长期污染。健康羊采食了被污染的饲料、饮水或通过皮肤损伤感染了炭疽杆菌，或吸入带有炭疽芽孢的灰尘，均可导致发病。

临床症状

（1）**最急性型** 病羊常不显症状即突然死亡，或者突然昏迷，步态不稳，磨牙，几分钟即倒毙。全身打战，天然孔出血（图3-15）。

（2）**急性型** 病羊表现不安，呼吸困难，走路摇摆，大叫，体温达40℃以上，间或身体各部肿胀，鼻黏膜发紫，唾液及排泄物为红色，肛门出血，全身痉挛而死。

（3）**亚急性型** 病羊症状与急性型相同，表现较缓和，病程为2~5天。

病理变化

死于炭疽的动物不宜解剖，以免体内炭疽杆菌暴露空气中形成芽孢扩散为害。尸僵不全，鼻、口、肛门流出暗红色血液，尸体膨胀，迅速腐败。剖检可见脾脏肿大2~5倍，柔软如糊状，切面呈砖红色（图3-16）；肾脏肿大，瘀血、出血（图3-17）；全身多发性出血，皮下、肌间浆膜下水肿；血液凝固不良。

图3-15 病羊口鼻流血

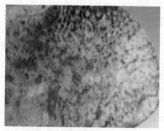
图3-16 病羊脾脏肿大，表面有出血点

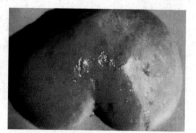
图3-17 病羊肾脏肿大，瘀血、出血

类症鉴别

病名	与羊炭疽的相似点	与羊炭疽的不同点
羊快疫	二者的病原菌均为大杆菌，能产生芽孢，并均不显症状即突然死亡	羊快疫的病原为腐败梭菌；病羊死后尸体膨胀；剖检可见皱胃幽门有出血斑块和坏死；肝脏触片镜检可见腐败梭菌

病名	与羊炭疽的相似点	与羊炭疽的不同点
羊肠毒血症	二者均有肌肉颤抖、磨牙等临床症状，病原菌均为大杆菌，能产生芽孢，并均不显症状即突然死亡	羊肠毒血症的病原为 D 型魏氏梭菌；病羊下痢，粪有黏液、血液、有恶臭，卧时四肢划动；剖检可见肾脏充血、变软；小肠和肾脏可发现 D 型魏氏梭菌，小肠内可检出 β 毒素
羊猝疽	二者均表现痉挛，病不久即死亡	羊猝疽的病原为 C 型产气荚膜梭菌；病羊表现昏迷、痉挛、疝痛；剖检可见十二指肠、空肠黏膜充血、糜烂、脱落，有的区段有溃疡，小肠内充满血液和组织碎片；骨骼肌在刚死时正常，经 8 小时肌间积聚血样有气泡液体；腹腔液及脾脏可分离出 C 型产气荚膜梭菌
羊黑疫	二者均常不显症状即突然死亡，死前不食、昏迷至死，心包积液	羊黑疫的病原为 B 型诺维氏梭菌；病羊昏睡，俯卧至死；剖检可见皮下静脉瘀血，皮肤呈暗黑色，胸腹腔液与空气接触易于凝固，脾脏充血、肿胀、有直径2~3厘米的凝固性坏死灶，周围有鲜红充血带；肝脏坏死灶中可分离出B型诺维氏梭菌
羊气肿疽	二者均在洪水泛滥地区易发生，多发于低洼地区，并均有体表肿胀，步态不稳	羊气肿疽的病原为气肿疽梭菌；病羊肿胀部初有热，按压有捻发音；剖检可见肿胀部肌肉呈暗红色或黑色，可挤出酸臭、有气泡液体；涂片镜检可见气肿疽梭菌

曾发生本病的地区，每年应用炭疽芽孢苗（对山羊不宜使用）及炭疽第二号芽孢苗进行预防接种，接种 14 天后产生免疫力，免疫期为 1 年。

五、羊巴氏杆菌病

羊巴氏杆菌病是由多杀性巴氏杆菌感染所引起的一种细菌性传染病。主要表现为败血症和肺炎。

本病多发生于幼龄绵羊；山羊不易感染。

病羊和健康带菌羊是传染源，病原随分泌物和排泄物排出体外，经呼吸道、消化道及损伤的皮肤感染。带菌羊在受寒、长途运输、饲养管理不当等不良因素刺激下，使机体抵抗力降低，可发生自体内源性感染。

按病程长短可分为最急性型、急性型和慢性型 3 种。

（1）最急性型　多见于哺乳羔羊。羔羊突然发病，出现寒战、虚弱、呼吸困难等症状，于数分钟至数小时内死亡。

（2）**急性型**　精神沉郁，体温升高到41~42℃。咳嗽，鼻孔常有出血，有时混杂于黏性分泌物中。初期便秘，后期腹泻，有时粪便全部变为血水。病羊常在严重腹泻后虚脱而死，病程为2~5天。

（3）**慢性型**　病程可达3周。病羊消瘦，不思饮食，流黏液、脓性鼻液，咳嗽，呼吸困难，有时颈部和胸下部发生水肿，有角膜炎（图3-18），腹泻；死前极度衰弱，体温下降。

病理变化　皮下有液体浸润和点状出血；胸腔内有黄色渗出物；肺瘀血，点状出血（图3-19~图3-21）；胃肠道有出血性炎症（图3-22）；肝脏有坏死灶（图3-23）；其他脏器呈水肿和瘀血，或有点状出血。病程较长者尸体消瘦，皮下胶冻样浸润，常见纤维素性胸膜肺炎和心包炎。

图3-18　病羊眼患角膜炎

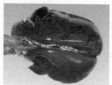
图3-19　病羊肺呈紫红色、瘀血，并有出血斑点

图3-20　病羊有纤维素性肺炎

图3-21　病羊肺与胸壁粘连

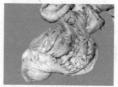
图3-22　病羊皱胃黏膜有出血点

图3-23　病羊肝脏表面有粒状坏死灶

类症鉴别

病名	与羊巴氏杆菌病的相似点	与羊巴氏杆菌病的不同点
羊支原体性肺炎	二者均有体温升高（41~42℃），咳嗽，呼吸急促、困难，流含血鼻液，有脓性眼眵，胸腔积液，肺有肝变，胸膜有纤维素性渗出物	羊支原体性肺炎的病原为丝状支原体；山羊最易感，人工接种绵羊仅有局部反应，听诊有捻发音，叩诊肋部疼痛；病料涂片镜检可见丝状支原体

病名	与羊巴氏杆菌病的相似点	与羊巴氏杆菌病的不同点
梅迪－维斯纳病（呼吸型）	二者均表现体温升高，呼吸急促、困难	梅迪－维斯纳病的病原为梅迪－维斯纳病病毒；病羊体温升高幅度不大，病程数月或数年；剖检可见胸膜有许多针尖大出血点，如看不清楚，用50%~98% 醋酸涂擦，经 2 分钟即显现灰色小点，肺泡巨细胞里有包涵体
羊肺腺瘤病	二者均表现体温升高，咳嗽，呼吸困难，流鼻液	羊肺腺瘤病的病原为肺腺瘤病病毒；潜伏期为6~9 个月，病羊低头、鼻流大量液体；剖检可见肺表面有直径 2~4 毫米结节，肺切面有水流出；琼脂扩散可检验
羊网尾线虫病	二者均表现咳嗽，流鼻液，呼吸困难，胸下部水肿	羊网尾线虫病的病原为网尾线虫；病羊体温不高，有阵发性剧烈咳嗽，在鼻液和咳出痰团中可见成虫、幼虫、虫卵
羊支气管肺炎	二者均表现体温升高（40~41℃），咳嗽	支气管肺炎无传染性，不出现流鼻液、有眼眵、下痢、颈胸水肿；剖检仅见肺叶发红，病久变为灰黄色或灰白色
羊结核病	二者均表现消瘦，流黏性鼻液，咳嗽	羊结核病的病原为结核杆菌；病羊乳房淋巴结肿胀发硬，乳房有结节状溃疡；后期贫血，乳房皮肤发黄；结核菌素试验呈阳性

预防措施

1）每年定期进行预防接种。

2）平时应注意饲养管理，增强机体抵抗力，消除可能降低机体抗病力的因素。

3）做好环境的消毒工作。羊舍用 5% 漂白粉或 10% 石灰乳进行定期消毒。

治疗方法

发现病羊和可疑羊立即隔离治疗。庆大霉素、四环素及磺胺类药物均有良好的治疗效果。

（1）**庆大霉素** 按每千克体重 1000~1500 单位，肌内注射，每天 2 次，直到体温下降、食欲恢复为止。

（2）**磺胺嘧啶钠** 按每千克体重 5~10 毫升，肌内注射，每天 2 次，连用 3~5 天。

（3）**高免血清** 也可在发病初期用高免血清治疗。

六、羊布鲁氏菌病

羊布鲁氏菌病是由布鲁氏菌感染所引起的一种人兽共患慢性传染病。其临床特征为病羊生殖器官、胎膜及多种器官组织发炎、坏死和形成肉芽肿，引起流产、不孕、睾丸炎及关节炎等症状。

本病病原分布很广，不仅感染各种家畜，而且易传染人。

流行特点 病畜及带菌者（包括野生动物）是本病的主要传染源。受感染的妊娠母畜，在流产或分娩时可将大量的布鲁氏菌排出，主要经生殖道、消化道感染，通过破损的皮肤、结膜、交配及吸血昆虫也可感染。动物的易感性随性成熟年龄接近而增高。

临床症状 多数病例为隐性感染，主要表现是流产。流产多发生在妊娠后的6~8个月。母羊流产前可发生阴道炎，排出污浊的红色黏液；有时病羊发生关节炎和滑液囊炎而致跛行（图3-24）；公羊发生睾丸炎（图3-25）。

病理变化 流产死胎或木乃伊胎，胎衣水肿，增厚，呈胶冻样浸润，表面覆有纤维素性渗出物和脓液，有的有出血点；胎儿胎盘出血、坏死，表面有灰色或黄绿色纤维素性渗出物或脓液（图3-26）；胎儿皮下及脐带水肿，胶冻样浸润；淋巴结、脾脏和肝脏肿大；胃内有浅黄色或白色絮状黏液，以皱胃最为明显；肠胃和膀胱浆膜可见出血点。公羊可发生睾丸炎和附睾炎，睾丸肿大，后期萎缩；精索呈结节或串珠状（图3-27、图3-28）。

图3-24 病羊发生关节炎和滑液囊炎

图3-25 患病公羊睾丸炎

图3-26 患病母羊胎盘水肿、出血

图3-27 患病公羊急性睾丸炎和附睾炎

图3-28 患病公羊精索呈结节或串珠状

病名	与羊布鲁氏菌病的相似点	与羊布鲁氏菌病的不同点
羊衣原体性流产	二者均表现流产，产死胎	羊衣原体性流产的病原为鹦鹉衣原体；病羊预产期前2~3周流产，流产过的母羊不再流产，流产后一段时间阴门才流红色黏液，胎盘子叶呈黑红色或粉红、暗土色；胎盘或子宫排出物涂片染色、镜检可见浅红色原生小体和浅蓝色的初级小体
羊弯杆菌性流产	二者均有流产、胎儿水肿，体腔有血色液体	羊弯杆菌性流产的病原为弯杆菌；病羊通常在预产期前4~6周流产，首例流产1个月后，羊群流产病例迅速增加；病羊阴门显著肿胀，胎儿肝脏有溃疡，无纤维蛋白附着；皱胃内容物涂片镜检可见弯杆菌
羊弓形虫病	二者均有妊娠羊中后期流产，产死胎，胎儿浆膜腔有红色液体	羊弓形虫病的病原为龚地弓形虫；病羊有转圈等神经症状，肌肉僵硬，行走困难，呼吸急促，卧地不动，最后昏迷；死胎皮下血样水肿，胎盘子叶肿胀，绒毛叶呈暗红色，其中有白斑或坏死灶，将胎盘或胎儿组织接种小白鼠或培养可见龚地弓形虫
羊沙门菌性流产	二者均有妊娠后期流产，流产前阴门肿胀、流黏液，有死胎、弱胎，胎儿浆膜腔有液体	羊沙门菌性流产的病原为沙门菌；病羊体温升高（40~41℃），胎盘水肿、出血，胎儿肝脏肿胀、有灰色病灶
羊边界病	二者均表现流产，死胎	羊边界病的病原为边界病毒；母羊不显症状，妊娠任何时期均能流产，有畸形胎（脑积水、小脑发育不全），存活胎儿体小毛长，摇摆、颤抖，大部分在断奶前死亡；用特异性荧光抗体可在流产胎儿或羔羊的各组织脏器内发现病毒抗原
羊裂谷热（地方流行性肝炎）	二者均表现体温升高（41~42℃），流产	羊裂谷热的病原为裂谷热病毒；病羊呕吐，剖检可见肝脏肿脆，有灰黄色坏死灶，肝细胞有嗜酸性包涵体；补体结合试验可确诊

目前，对于本病的治疗尚无理想的方法，一般采用检疫、淘汰病羊等方法来防止本病的流行和扩散。

1）控制布鲁氏菌病传入的最好办法是自繁自养。从外地引进的羊要严格检疫，最好要先了解引进地区羊传染病的发生情况，有无发生过布鲁氏菌病，不要从疫区引进羊。

2）发现有羊感染了布鲁氏菌病，要立即隔离病羊，流产胎儿要深埋，污染的羊圈和场地要彻底消毒。

3）对没有严格隔离条件的羊群和健康羊要进行免疫接种。可将布鲁氏菌猪型 2 号菌苗放在水槽内让羊饮入，也可用布鲁氏菌羊型 5 号菌苗进行气雾免疫，或者用冻干布鲁氏菌羊型 5 号菌苗皮下注射 1 毫升，免疫期为 1 年。

七、羊破伤风

羊破伤风是由破伤风梭菌感染所引起的一种急性中毒性传染病，多发生于新生羔羊，绵羊比山羊多见。其临床特征为病羊全身或部分肌肉发生痉挛性收缩，表现出强硬状态。本病为散发，没有季节性，必须经创伤才能感染，特别是创面损伤复杂、创道深的创伤更易感染发病。

流行特点　本病的发生主要是细菌经伤口侵入身体的结果，如脐带伤、去势伤、断尾伤、去角伤及其他外伤等，均可引起发病。母羊多发生于产死胎和胎衣不下的情况下，有时是由于难产助产中消毒不严格，以致在阴唇结有厚痂的情况下发生本病。也可经胃肠黏膜的损伤感染。病菌侵入伤口以后，在局部大量繁殖，并产生毒素，危害神经系统。由于本菌为专性厌氧菌，因此被土壤、粪便或腐败组织所封闭的伤口，最容易感染和发病。

临床症状　本病的潜伏期为 5~20 天，但在特殊情况下有可能延长。病羊四肢僵硬，头向后仰。初发病时，仅步行稍不自然，不易引起饲养员的特别注意。病势发展时，则双耳直硬，牙关紧闭，不能吃东西，口腔内黏液增多。颈部及背部强硬，头偏于一侧或向后弯曲；四肢伸直，腹部蜷缩，好像木制的假羊（图 3-29~ 图 3-31），如果扶起行走，严重者无法迈步，一经放手，即突然摔倒。突然的音响可引起骨骼肌发生痉挛而使病羊倒地。症状轻微时，脉搏和体温无大变化。严重时，体温升高，脉搏细而快，心脏跳动剧烈。病后期，常因急性胃肠炎而发生腹泻。死亡率很高。

图 3-29　病羊全身强直

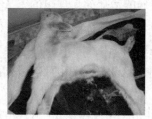
图 3-30　病羊颈部及背部强硬，头向后弯曲

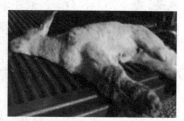
图 3-31　病羊角弓反张，牙关紧闭，流涎，尾直

尸体无特殊变化。

病名	与羊破伤风的相似点	与羊破伤风的不同点
羊脑软化症	二者均表现四肢痉挛性收缩，角弓反张，吞咽困难，流涎	羊脑软化症病例无传染性，病羊失明，虚弱无力，不扶不能站立；剖检可见脑有软化坏死灶
山羊蜡梅中毒	二者均表现两耳直立，惊恐，全身痉挛，角弓反张，音响和触诊可引起痉挛	山羊蜡梅中毒病例因吃蜡梅叶及种子而发病；痉挛有间歇性；轻症安静时尚能饮食；剖检可见瘤胃有蜡梅叶，肺表面灰白、边缘水肿，胸腺有出血点

（1）**预防注射**　破伤风类毒素是预防本病的有效生物制剂。羔羊的预防，以母羊妊娠后期注射破伤风类毒素较为适宜。

（2）**创伤处理**　羊身上任何部位发生创伤时，均应用碘酊或2%的红汞严格消毒，并应避免泥土及粪便侵入伤口。对一切手术伤口，包括剪毛伤、断尾伤及去角伤等，均应特别注意消毒。对感染创伤进行有效的防腐消毒处理。彻底排除脓汁、异物、坏死组织及痂皮等，并用消毒药物（3%过氧化氢、2%高锰酸钾或5%~10%碘酊）消毒创面，并结合青霉素、链霉素，在创伤周围注射，以清除破伤风毒素来源。

（3）**注射抗破伤风血清**　早期应用抗破伤风血清（破伤风抗毒素）。可1次用足量（20万~80万单位），也可将总用量分2~3次注射，皮下、肌内或静脉注射均可；也可一半静脉注射，一半肌内注射。抗破伤风血清在体内可保留2周。

1）加强护理。将病羊放于黑暗安静的地方，避免能够引起肌肉痉挛的一切刺激。给予柔软易消化且容易咽下的饲料（如稀粥），经常在旁边放上清水。多铺垫草，每天翻身5~6次，以防发生褥疮。

2）为了消灭细菌，防止破伤风毒素继续进入体内，必须彻底清除伤口的脓液及坏死组织，并用1%高锰酸钾、1%硝酸银、3%双氧水（过氧化氢）或5%~10%碘酊进行严格消毒处理。病早期同时应用青霉素与磺胺类药物。

3）为了中和毒素，可先注射40%乌洛托品5~10毫升，再肌内或静脉注射大量抗破伤风血清，每次5万~10万单位，每天1次，连用2~4次。也可将抗破伤风血清混于5%葡萄糖溶液中静脉注射。

4）为了缓解痉挛，可皮下注射 25% 硫酸镁溶液或肌内注射 40% 硫酸镁溶液，每天 1 次，每次 5~10 毫升，分点注射。或者按每千克体重 2 毫克肌内注射氯丙嗪。

5）对于牙关紧闭的羊，可将 3% 普鲁卡因 5 毫升和 0.1% 肾上腺素 0.2~0.5 毫升混合，注入咬肌。

八、羊大肠杆菌病

大肠杆菌病又称新生羔羊腹泻，俗称羔羊白痢，是由埃希氏大肠杆菌感染所引起的一种肠道传染病。其临床特征为病羊高热、腹泻、排灰白色粪便。

流行特点

本病主要发生于数日龄至 6 周龄的羔羊，有些地方 3~8 月龄的羊也有发生，呈地方性流行，也有散发的。本病的发生与气候不良、营养不足、场地潮湿污秽等有关，放牧季节很少发生，冬、春季舍饲期间常发；经消化道感染。

临床症状

本病潜伏期为 1~2 天，其病症可分为以下 2 种类型：

（1）**败血型** 主要见于 2~6 周龄的羔羊。病羔体温升高至 41~42℃，精神沉郁、迅速虚脱、轻度腹泻，有的带有神经症状，运动失调、磨牙、视力障碍。有的出现关节炎，有的发生胸膜炎，有的在濒死期从肛门流出稀粪，呈急性经过，多在 4~12 小时死亡，死亡率高达 80% 以上。

（2）**肠炎型（下痢型）** 多发于 2~8 日龄的羔羊，主要症状是下痢。羔羊病初体温升高至 40~41℃，粪便稀薄，呈半液状，带有气泡，恶臭，起初呈黄色，继而变为乳白色，含有乳凝块，严重时混有血液，粪便污染后躯及腿部。病羔腹痛、拱背、虚弱、严重脱水（图 3-32）、衰竭、卧地不起，有时出现痉挛。如治疗不及时，可在 24~36 小时死亡，死亡率为 15%~17%。

图 3-32　病羊严重腹泻，虚弱，脱水

病理变化

死于败血型的病变是：胸腹腔和心包大量积液（图 3-33），内有纤维素；关节肿大，内含混浊液体或脓性絮片；肝脏表面有坏死病灶（图 3-34）；脑膜充血，有很多小出血点。死于下痢型的病变主要为急性胃肠炎变化，胃内乳凝块发酵；肠系膜淋巴结肿大（图 3-35）；肠黏膜充血、水肿和出血（图 3-36），肠内混有血液和气泡，肠系膜淋巴结肿胀，切面多汁或充血。

图 3-33　病羊腹腔大量积液

图 3-34　病羊肝脏表面有坏死病灶

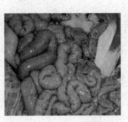
图 3-35　病羊肠系膜淋巴结肿大

图 3-36　病羊小肠黏膜充血、出血

类症鉴别

病名	与羊大肠杆菌病（肠炎型）的相似点	与羊大肠杆菌病（肠炎型）的不同点
羔羊梭菌性痢疾	二者均多发于 7 日龄以内羔羊，均有精神委顿，拱背，腹泻先呈半液状后变稀、有时含血，虚弱卧地不起，发病后 1~2 天死亡；小肠黏膜充血	羔羊梭菌性痢疾的病原为 B 型魏氏梭菌；病羊粪先呈面糊状后稀如水，或血便有恶臭；剖检可见皱胃有未消化凝乳块，小肠黏膜常有溃疡，周边有出血带，有的肠内容物呈红色；肠内容物可检出 B 型魏氏梭菌
羊链球菌病	二者均表现体温升高（41℃以上），精神委顿，粪变软有时带血，最后卧地不起	羊链球菌病的病原为链球菌；病羊口中流涎、混有泡沫，眼结膜充血、流泪，后流脓性分泌物，呼吸急促，临死前磨牙、惊厥；剖检可见鼻、咽喉黏膜出血，肺水肿或气肿、出血，肝脏肿大、质脆呈土色，胆囊肿大 2~4 倍，胆汁渗出，瓣胃内容物干如石灰；腹腔液或血液镜检可见 3~5 个相连的链球菌
羊沙门菌病（下痢型）	二者均有体温升高（40~41℃），下痢，粪带黏液、血液，精神委顿，虚弱，拱背，卧地；肠黏膜充血	羊沙门菌病的病原为沙门菌，断奶或断奶不久的羔羊最易感，育成羊常在夏季、早秋发病，粪恶臭；剖检可见肠黏膜水肿，附有黏液，并含有小血块，心内膜有小出血点；用单克隆抗体可快速诊断
羊前后盘吸虫病	二者均表现精神委顿，虚弱，下痢	羊前后盘吸虫病的病原为前后盘吸虫；病羊烦渴，粪水样、腥臭，粪检有虫卵，瘤胃有成虫
羊球虫病	二者均表现体温升高（40~41℃），下痢含血，精神委顿，卧地	羊球虫病的病原为球虫；病羊迅速消瘦，贫血，粪检有卵囊

（续）

病名	与羊大肠杆菌病（肠炎型）的相似点	与羊大肠杆菌病（肠炎型）的不同点
羔羊消化不良	二者均表现腹泻，粪有气泡，虚弱，卧地不起；肠炎	羔羊消化不良无传染性，体温不高，粪中有白色小凝块（无机盐类）、凝乳块，有酸臭，2~3 月龄后逐渐减少

（1）加强妊娠母羊的饲养管理　做好抓膘保膘工作，保证新产羔羊健壮、抗病力强。保证饲料中蛋白质、维生素、矿物质的含量。定期运动，以利于胎儿的发育，提高初乳的生物学价值。

（2）做好临产母羊的准备工作　严格遵守临产母羊及新生羔羊的卫生制度。对产房进行消毒，可用 3%~5% 的来苏儿喷洒消毒。

（3）加强新生羔羊的饲养管理　搞好新生羔羊的环境卫生，哺乳前用 0.1% 的高锰酸钾水擦拭母羊的乳房、乳头和腹下，让羔羊吃到足够的初乳，做好羔羊的保暖工作。对于缺奶羔羊，一次不要饲喂过量。对有病的羔羊，及时进行隔离。对病羔接触过的房舍、地面、墙壁、排水沟等，要进行严格的消毒，可用 3%~5% 来苏儿喷洒消毒。

（4）注射菌苗　可根据病原的血清型，选用同型菌苗给妊娠羊和羔羊进行预防注射。

大肠杆菌对土霉素、磺胺类药物敏感，但必须配合护理和其他对症疗法。

（1）土霉素　按每天每千克体重 20~50 毫克，分 2~3 次口服；或按每天每千克体重 10~20 毫克，分 2 次肌内注射。

（2）磺胺嘧啶钠　按每千克体重 0.07~0.1 克，肌内注射，12 小时 1 次，连用 2~3 天。新生羔再加胃蛋白酶 0.2~0.3 克。

（3）对症治疗　对心脏衰弱的，皮下注射 25% 安钠咖 0.5~1 毫升；对脱水严重的，静脉注射 5% 葡萄糖盐水 20~100 毫升；对于有兴奋症状的病羔，用水合氯醛 0.1~0.2 克加水灌服。如病情好转时，可用微生物制剂，如促菌生、调痢生、乳康生等，加速胃肠功能的恢复，但不能与抗生素同用。

九、羔羊梭菌性痢疾

羔羊梭菌性痢疾简称羔羊痢疾，是由 B 型魏氏梭菌感染所引起的一种初生羔羊急性传染病。临床特征为病羊剧烈腹泻、小肠溃疡。本病主要是由于 B 型魏氏梭菌在羔羊小肠（特别是回肠）内大量繁殖，产生毒素而引起。

流行特点

本病呈季节性流行，主要侵害产后 2~8 天的羔羊，尤以新生 3 天内的羔羊最易发病，杂交改良品种更为敏感，特别是高代杂交品种羔羊死亡率甚高。一般羔羊初期患病少，产羔盛期传染快，发病率明显增高。本病传染来源是病羔，其粪便内含有大量病原菌，污染羊舍和周围环境，成为传播因素，经消化道、脐带和外伤等途径感染。诱因很重要，特别是弱羔受到寒冷或饥饱不均等因素作用，常促使发病。

临床症状

羔羊感染痢疾，首先表现奶欲减退，精神委顿，常卧地不起；粪便起初是黄色稀便，后来为血样紫黑色稀便。有的羔羊发病很快，未见明显症状，即突然死亡。潜伏期数小时到 1 天，病初羔羊精神沉郁，食欲减退或停止哺乳，随后 1~2 天，病羔拉黄褐色稀糊状或水样粪便，恶臭。萎靡呆立，低头拱背，腹部上凹，后期粪内带血，肛门失禁（图 3-37）。由于持续性腹泻，体温偏低，经 1~2 天死亡。个别病例出现神经症状，流涎，牙关紧闭，角弓反张，四肢抽搐或神志昏迷，以死亡告终（图 3-38）。

病理变化

剖检尸体消瘦，被毛粗乱，黏膜苍白，口腔及鼻腔发绀，尾部及肛门四周被粪便污染；严重脱水，眼窝下陷，胃肠道卡他性炎症，黏膜上有出血点；肠黏膜上有大量黏液；皱胃内容物呈白色或乳白色稀糊状及凝乳块；肠壁稀薄，充血、出血（图 3-39、图 3-40）；肠淋巴滤泡明显；肝脏充血水肿，质地变软有萎缩现象；心包内积有黄色液体，心内膜有点状及条纹状出血。

图 3-37　患病羔羊粪便污染后腿

图 3-38　患病羔羊头向后仰死亡

图 3-39　病羊肠壁稀薄，肠黏膜发炎

图 3-40　病羊小肠间出现间断性鼓胀和暗红色变化

病名	与羔羊梭菌性痢疾的相似点	与羔羊梭菌性痢疾的不同点
羊大肠杆菌病（肠炎型）	二者均多发于 7 日龄以内羔羊，均有精神委顿，拱背，腹泻先呈半液状后变稀、有时含血，虚弱卧地不起，发病后 1~2 天死亡；小肠黏膜充血，肠系膜淋巴结充血、出血	羊大肠杆菌病的病原为大肠杆菌；病羊体温升高（40.5~41℃），不久下痢转为正常，稀粪由灰黄色变为灰色，且含有气泡；剖检可见皱胃、大小肠黏膜充血，肠内容物呈黄灰色液状；大肠杆菌单克隆诊断制剂可诊断
羊球虫病	二者均有腹泻，粪含血、恶臭，精神委顿，食欲废绝，呼吸急促；小肠充血	羊球虫病的病原为球虫；急性病程为 2~7 天（不是 1~2 天），慢性数周；剖检可见小肠黏膜有浅黄或黄色粟粒至豌豆大的结节成簇分布，粪中含有大量卵囊
羔羊消化不良	二者均表现腹泻，严重时站立不稳而倒地	羔羊消化不良无传染性，只因母羊营养不良和环境卫生不好，气候不良而发病，粪有气泡和白色凝乳块、白色无机盐类，有酸臭味；剖检可见胃肠仅有卡他性炎，肠内容物镜检无 B 型魏氏梭菌

预防措施

1）加强饲养管理，特别是母羊的产前和产后管理，搞好卫生消毒工作对预防本病具有积极意义。

2）每年秋季可给羊接种厌氧菌五联苗，一般母羊在产前 2~3 周接种。也可用羊六联菌苗（羊厌氧菌五联苗加大肠杆菌苗）进行预防接种。

3）药物预防可收到一定的效果。羔羊出生后 12 小时内，可口服土霉素 0.15~0.2 克，每天 1 次，连服 3 天。

4）对病羔羊要及早发现，仔细护理，积极治疗。

治疗方法

1）选用土霉素 0.2~0.3 克，加等量胃蛋白酶溶于水灌服，每天 2 次。

2）用磺胺脒 0.5 克，鞣酸蛋白、碱式硝酸铋、碳酸氢钠各 0.2 克，水调灌服，每天 3 次。

3）病初用较大剂量青霉素、链霉素各 20 万单位肌内注射。

必要时采用对症疗法，强心补液、收敛止痛等。有条件的可用高免血清。

十、羊沙门菌病

羊沙门菌病也称羊副伤寒，主要由鼠伤寒沙门菌、羊流产沙门菌、都柏林沙门菌感染所引起的羊的一种传染病。临床特征为妊娠羊流产，羔羊发生下痢。

沙门菌对外界的抵抗力较强，在水、土壤和粪便中能存活几个月，但不耐热，一般消毒药均能迅速将其杀死。本病一年四季均可发生，各种年龄的畜禽均可感染。以消化道感染为主，交配和其他途径也能感染；各种不良因素均可促使本病的发生。

临床症状

本病潜伏期长短不一，依羊的年龄、应激因素和侵入途径等不同而不同。

（1）下痢型 多见于15~20日龄的羔羊，病初精神沉郁，体温升高到40~41℃，低头拱背，食欲减退或拒食。身体虚弱，憔悴，趴地不起，在1~5天内死亡，病死率约为25%。大多数病羔羊出现腹痛、腹泻，排出大量灰黄色糊状粪便，迅速出现脱水症状，眼球下陷，体力减弱，有的病羔羊出现呼吸急促，流出黏性鼻液，咳嗽等症状。

图3-41 病羊流出带血黏液

（2）流产型 流产多见于妊娠的最后2个月。多在母羊妊娠后期发生流产或产死胎，流产率可达80%（图3-41~图3-43）。病羊在流产前体温升高到40~41℃，厌食，精神沉郁，部分羊有腹泻症状，阴道有分泌物流出。病羊产

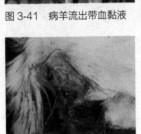

图3-42 流产的母羊胎滞留

图3-43 病羊胎盘水肿

下的活羔羊比较衰弱，不吃奶，并可有腹泻，一般于1~7天内死亡。病羊伴发肠炎、胃肠炎和败血症。部分发病母羊可在流产后或无流产的情况下死亡。

病理变化

下痢型羊可见病羊消瘦，皱胃和肠道空虚，黏膜充血，内容物稀薄；肠系膜淋巴结肿大充血，脾脏充血，肾脏皮质部与心内、外膜有小出血点（图3-44~图3-46）。流产型羊出现死产或初产羔羊几天内死亡，呈现败血症病变；组织水肿、充血，肝脏、脾脏肿大，有灰色坏死灶；胎盘水肿出血；母羊有急性子宫炎、流产或产死胎及子宫肿胀，有坏死组织、渗出物和滞留的胎盘。

图3-44 病羊心脏、肾脏有出血点

图3-45 病羊脾脏有出血点

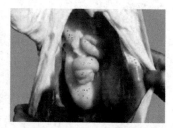
图3-46 病羊内脏有出血点

类症鉴别

病名	与羊沙门菌病（下痢型）的相似点	与羊沙门菌病（下痢型）的不同点
羊大肠杆菌病（肠炎型）	二者均有体温升高（40.5~41℃），下痢，粪有黏液和血液，精神委顿，虚弱，拱背卧地；肠黏膜充血	羊大肠杆菌病的病原为大肠杆菌；病羊粪中含气泡、凝乳块；剖检可见皱胃、大小肠内容物呈灰黄色半液状；用单克隆抗体诊断制剂利于诊断
羊副结核病	二者均有腹泻，衰弱卧地；肠黏膜增厚（水肿），肠系膜淋巴结肿大	羊副结核病的病原为副结核分枝杆菌；潜伏期长达数月或数年，保持食欲，消瘦脱毛；剖检可见肠系膜淋巴结肿大、变软，有黄白色病灶；病料涂片抗酸性染色、镜检，可见红色细小杆菌
羊前后盘吸虫病	二者均表现食欲减退，腹泻，精神委顿，虚弱	羊前后盘吸虫病的病原为前后盘吸虫；病羊血检白细胞增多，嗜酸性粒细胞占10%~30%；粪检有虫卵，剖检可见肠内有童虫，瘤胃内有成虫
羊球虫病	二者均表现体温升高（40~41℃），食欲减退，腹泻，粪中含血、有恶臭，精神委顿，卧地不起	羊球虫病的病原为球虫；粪检有卵囊，剖检可见十二指肠、回肠黏膜有粟粒至豌豆大的结节成簇分布
羊布鲁氏菌病	二者均有妊娠后期流产，流产前阴门肿胀、流黏液，产死胎和弱仔，胎儿浆膜腔有液体	羊布鲁氏菌病的病原为布鲁氏菌；病羊胎衣呈黄色胶冻样浸润，覆有纤维蛋白絮片和脓液，绒毛叶有黄绿色纤维蛋白絮片或脂肪样浸出物，胎儿皮下呈胶冻样浸润；用布鲁氏菌水解素进行尾根皮内注射，呈阳性反应
羊地方流行性流产	二者均有流产，胎儿浆膜腔内有液体	羊地方流行性流产的病原为鹦鹉支原体；病羊妊娠后染不流产，有时产一病一健双羔；用子宫排出物涂片镜检，可见红色原生小体、蓝色初级小体
羊弯杆菌性流产	二者均有预产期前6周流产，流产前2~3天阴门肿胀并流带血黏液；流产胎儿水肿，肝脏有坏死点，浆膜腔内有渗出液	羊弯杆菌性流产的病原为弯杆菌；羊群开始流产不多，1个月后迅速增加，流产胎儿肝脏坏死点直径为1~3厘米，容易破裂、出血；皱胃内容物涂片镜检可见弯杆菌

预防
措施

（1）**加强饲养管理**　羔羊在出生后应及早吃初乳，注意羔羊的保暖；发现病羊应及时隔离并立即治疗；被污染的圈栏要彻底消毒。

（2）**药物预防**　用土霉素或新霉素，羔羊每天每千克体重 30~50 毫克，分 3 次内服；成年羊每天每千克体重 10~30 毫克，分 2 次肌内或静脉注射。

（3）**免疫接种**　可用鼠伤寒沙门菌和都柏林沙门菌制成的灭活苗，接种 2 次，间隔 2~3 周，皮下注射，每次 2 毫升。一般于注射后 14 天产生免疫力。

治疗
方法

病羊可隔离治疗或淘汰处理。对本病有治疗作用的药物很多，但必须配合护理及对症治疗。

（1）**土霉素、卡那霉素**　每天每千克体重用 30~50 毫克，分 2 次内服。

（2）**盐酸环丙沙星**　成年羊每天用 250 毫克，分 2 次内服。

（3）**磺胺嘧啶**　每千克体重用 20~40 毫克，每天 2 次内服。

（4）**对症疗法**　用肠道收敛剂如鞣酸蛋白 2~3 克，药用炭 5 克，口服；用葡萄糖生理盐水 50~100 毫升，静脉注射，补充体液。

十一、羊链球菌病

羊链球菌病俗称嗓喉病，是由 C 群链球菌感染所引起的一种急性、热性、败血性传染病。其主要临床特征为病羊咽喉部及下颌淋巴结肿胀，大叶性肺炎，呼吸困难，胆囊肿大。

流行
特点

病羊和带菌羊是本病的主要传染源，以呼吸道为主要传播途径，也可经皮肤创伤、羊虱蝇叮咬等途径传播；病死羊的肉、骨、皮、毛等也可散播病原。新发地区常呈流行性发生，老疫区则呈地方性流行或散发。以冬、春季节气候寒冷，草质不良时多发。

临床
症状

病羊体温升高至 41℃以上，呼吸困难，精神委顿，食欲不振，反刍停止，流涎；鼻孔流浆液性或脓性分泌物；眼结膜充血（图 3-47），常见流出脓性分泌物；粪便松软，带有黏液或血液；有时可见眼睑、嘴唇、面颊、耳及乳房部位肿胀，腹下毛稀处有出血点（图 3-48、图 3-49）；咽喉部及下颌淋巴结肿大（图 3-50）。死前常有磨牙、呻吟及抽搐现象。

病理变化 主要以败血性变化为主。尸僵不显著或不明显，各脏器广泛出血，尤以膜性组织（大网膜、肠系膜等）最为明显。鼻、咽喉、气管黏膜出血；肺水肿、气肿，肺实质出血，有时肺尖叶有坏死灶，常与胸壁粘连；肝（实）变，呈大叶性肺炎（图 3-51、图 3-52）；肝脏、胆囊肿大（图 3-53、图 3-54）；肾脏质地变脆、变软、肿胀、坏死，被膜不易剥离；脾脏、皱胃及一些肠段出血，各脏器浆膜常覆有黏稠、丝状的纤维素样物质。

图 3-47 病羊眼结膜充血

图 3-48 病羊颜面浮肿、耳肿下垂

图 3-49 病羊腹下毛稀处有出血点

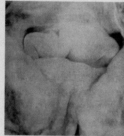

图 3-50 病羊咽喉部肿胀

图 3-51 病羊肺水肿

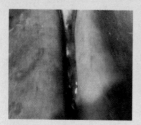

图 3-52 病羊肺炎

图 3-53 病羊肝脏肿大

图 3-54 病羊胆囊肿大

病名	与羊链球菌病的相似点	与羊链球菌病的不同点
山羊病毒性关节炎－脑炎（脑脊髓炎型）	二者均表现精神不振，共济失调，抽搐，最后卧地不起	山羊病毒性关节炎－脑炎的病原为山羊关节炎－脑炎病毒，山羊多发，绵羊一般不易感染；病羊后躯软弱，一肢或数肢麻痹，卧地四肢划动，歪颈做圆圈运动，如关节炎型则关节肿大，常见腕关节着地膝行；剖检可见一侧脑白质有棕色区，琼脂扩散和酶联免疫吸附试验可确定感染
羊炭疽	二者均表现食欲不振或废绝、反刍减少，体温升高	羊炭疽的病原为炭疽杆菌，羊病程急促，多发于夏季，血凝不良；无咽喉炎、肺炎症状，唇、舌、面颊、眼睑及乳房等部位无肿胀，眼鼻不流浆性、脓性分泌物，各脏器尤其是肺浆膜面无丝状黏稠的纤维素样物质；炭疽沉淀实验，羊链球菌病应为阴性，而炭疽则为阳性
羊快疫	二者均表现食欲不振或废绝、反刍减少，体温升高	羊快疫的病原为腐败梭菌，主要发生于6~8月龄的羊只，常见病羊清晨死在羊圈或放牧时死在草场上，而且多为较肥胖的羊只；剖检后可见，皱胃有出血性坏死性炎症，胃底部可见有弥漫性出血点，有时还可见溃疡和坏死
羊巴氏杆菌病	二者均表现食欲不振或废绝、反刍减少，体温升高	羊巴氏杆菌病的病原为多杀性巴氏杆菌，不同年龄阶段的羊均可感染，主要发生于羔羊，绵羊最易感染，山羊次之，主要经呼吸道传染；剖检可见皮下水肿，皮下浆液性浸润和点状出血，肝脏有出血点，肝脏变为浅红色，个别病例还可见化脓灶，呈黄豆大小，肠道有出血点，其他脏器水肿瘀血
羊马铃薯中毒（胃肠型）	二者均表现食欲不振或废绝、反刍减少，口中流涎，体温升高（40℃以上），公羊包皮炎	羊马铃薯中毒无传染性，是因羊吃马铃薯芽及茎叶而发病，口有溃疡，呕吐，腹痛、腹泻，结膜苍白；剖检可见瘤胃内有马铃薯茎叶残渣，残渣检验呈赤褐色

1）加强饲养管理，做好抓膘、保膘、防寒保温工作。不要从疫区购进羊和羊肉、皮毛产品。

2）常发地区，每年发病季节到来之前，用羊链球菌氢氧化铝甲醛苗进行预防接种，大小羊只一律皮下注射3毫升。3月龄以内羔羊，2~3周后加强免疫1次，于14~21天产生免疫力，免疫期可维持半年以上。

治疗时可应用青霉素或磺胺类药物。

（1）青霉素　按1次用80万~160万单位，每天肌内注射2次，连用2~3天。

（2）磺胺嘧啶　按1次用5~6克，小羊减半，内服，每天1次，连用2~3次。

十二、羊结核病

羊结核病是由结核分枝杆菌感染所引起的一种慢性传染病，其主要临床特征是在病羊各种器官形成无血管的干酪样变性的结节。这种结节俗称为结核。

流行特点

结核分枝杆菌主要有牛型、人型和禽型 3 个类型，可侵害多种动物，牛最容易发生，羊、猪和禽类较少。

患病人类和动物，尤其是开放性患者是本病的主要传染源。患者常常从痰液、粪尿、乳汁和生殖道分泌物中排出病原菌，污染周围环境而构成传染。羊主要通过消化道感染本病，也可通过空气和生殖道感染。

本病一年四季均可发生。羊舍拥挤、阴暗、潮湿、污秽不洁、挤乳和饲养不良等，均可促进本病的发生和传播。

临床症状

病羊体温多正常，有时稍升高。消瘦，被毛干燥，精神不振，多呈慢性经过。当患肺结核时，病羊咳嗽，流脓性鼻液；当乳房被感染时，乳房硬化，乳房淋巴结肿大；当患肠结核时，病羊有持续性消化机能障碍，便秘，腹泻或轻度胀气。急性病例比较少见。

病理变化

病羊尸体消瘦，黏膜苍白，在肺、肝脏和其他器官及浆膜上形成特异性结核结节和干酪样坏死灶（图 3-55~ 图 3-58）。干酪样物质趋向软化和液化，并具有明显的组织膜是山羊结核结节的特征。原发性结核病灶常见于肺和纵隔淋巴结，可见白色或黄色结节，有时发展成小叶性肺炎；在胸膜上可见灰白色半透明珍珠状结节，肠系膜淋巴结有结节病灶。

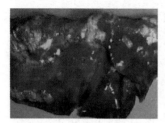  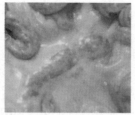 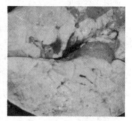

图 3-55　病羊肺表面有病变结节　　图 3-56　病羊肝脏横截面有病变结节　　图 3-57　病羊肠系膜淋巴结有病变结节　　图 3-58　病羊乳腺内有病变结节

病名	与羊结核病的相似点	与羊结核病的不同点
羊巴氏杆菌病	二者均表现消瘦，流黏性鼻液，咳嗽	羊巴氏杆菌病的病原为巴氏杆菌；病羊有时颈、胸下水肿，腹泻，粪恶臭；用渗出液涂片镜检可见两极着色的卵圆杆菌
羊类鼻疽病	二者均有消瘦，咳嗽，流黏性鼻液，乳房有结节；肝脏、肺有化脓性结节	羊类鼻疽的病原为类鼻疽杆菌；病羊关节肿胀，跛行；用类鼻疽单克隆抗体做酶联免疫吸附试验可鉴定
羊慢性支气管炎	二者均表现逐渐消瘦，咳嗽，听诊肺有啰音，呼吸困难	羊慢性支气管炎无传染性，早晚进出羊舍及饮水、吃草和运动时加剧咳嗽，肺气肿时，肺音界后移；剖检可见支气管充血、有渗出液，肺泡气肿
羊支气管肺炎	二者均表现食欲减退，体温升高（40~42℃），咳嗽，肺有啰音，后期呼吸困难；支气管有泡沫	羊支气管肺炎无传染性，病羊鼻发红，不流鼻液，肺音粗厉，呼出气无臭味；剖检可见肺有肝变、呈黑红色（无化脓结节）
羊伪结核病	二者均有咳嗽痛苦，消瘦，贫血；肺有脓疱	羊伪结核病的病原为伪结核棒状杆菌；病羊体表淋巴结常肿大；剖检可见肺部脓肿、内含浅蓝绿色脓液；涂片镜检可见伪结核棒状杆菌

1）定期对羊群进行临床检查，发现阳性者，及时采取隔离消毒措施，利用价值不大者应扑杀，以免传染健康羊。

2）病羊所产乳汁，要单独存放、煮沸消毒；所产羊羔用1%来苏儿洗涤消毒后，隔离饲养，3个月后进行结核菌素试验，阴性者方可与健康羊群混养。

链霉素，按每千克体重10毫克，肌内注射，每天2次，连用数天。

十三、羊副结核病

羊副结核病又称羊副结核性肠炎，是由副结核分枝杆菌感染所引起的一种慢性接触性传染病。其临床特征为病羊间歇性腹泻和进行性消瘦。

副结核分枝杆菌主要存在于病畜的肠道黏膜和肠系膜淋巴结，通过粪便排出，污染饲料、饮水等，经消化道感染健康家畜。幼龄羊的易感性较大，大多在幼龄时感染，经过很长的潜伏期，到成年时才出现临床症状，特别由于机体的抵抗力减弱，饲料中缺乏无机盐和维生素，容易发病；呈散发或地方性流行。

临床症状

病羊体重逐渐减轻，间断性或持续性腹泻，粪便呈稀粥状，体温正常或略有升高；发病数月后，病羊消瘦、颌下水肿，衰弱、脱毛、卧地，患病末期可发生肺炎，多数归于死亡（图3-59、图3-60）。

病理变化

尸体常极度消瘦。肠系膜淋巴结肿大，色苍白，肿大呈索状，有钙化结节，肠壁增厚，结肠后段表面不平，有麸皮样病变（图3-61、图3-62）；肝脏表面有大小不等的坏死点、钙化点（图3-63）。

图3-59　病羊颌下水肿

图3-60　病羊消瘦，衰竭而死，颌下水肿

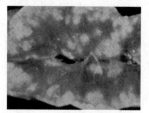

图3-61　病羊肠系膜淋巴结肿大

图3-62　病羊肠黏膜凸凹不平

图3-63　病羊肝表面有坏死点、钙化点

类症鉴别

病名	与羊副结核病的相似点	与羊副结核病的不同点
羊沙门菌病	二者均有腹泻，衰弱、卧地；肠黏膜肥厚（水肿），肠系膜淋巴结肿大	羊沙门菌病的病原为沙门菌；断奶或断奶不久羔羊最易感，病羊体温达40~41℃，病程为1~5天；剖检可见皱胃、肠道空虚，肠、胆囊黏膜水肿；单克隆抗体技术可快速诊断
羊前后盘吸虫病	二者均表现食欲不振，衰弱，腹泻，血红蛋白减少	羊前后盘吸虫病的病原为前后盘吸虫；病羊因吃水生植物而感染，粪水样、腥臭；粪检有虫卵，剖检可见小肠内有童虫，瘤胃内有成虫

（续）

病名	与羊副结核病的相似点	与羊副结核病的不同点
羊球虫病	二者均表现腹泻，消瘦，血红蛋白减少	羊球虫病的病原为球虫；病羊体温达40~41℃，食欲减退或废绝，饮欲增加，粪检有大量卵囊；剖检可见十二指肠、回肠有粟粒至豌豆大结节，有点状或带状出血

防治措施

平时加强饲养管理，给予足够的营养，以增强羊的抗病能力。如引进羊应进行隔离观察，并用副结核分枝杆菌诊断探针或酶联免疫吸附试验确认无病后归群。因本病潜伏期长，在感染后期才显症状，因此药物治疗常无效。发现病羊及早扑杀，并将羊舍、饲槽、用具等用生石灰、来苏儿、火碱（氢氧化钠）、漂白粉、石炭酸等消毒。

十四、羊李氏杆菌病

羊李氏杆菌病又称转圈病，是由李氏杆菌感染所引起的一种畜、禽、啮齿动物和人共患传染病。其临床特征为病羊神经系统紊乱，表现转圈运动，面部麻痹，妊娠羊可发生流产。

流行特点

绵羊和山羊均可感染，以羔羊和妊娠羊的敏感性最高。

本病流行具有显著的季节性，即冬、春季多发。发病率低，但病死率很高。患病动物和带菌动物是传染源，主要通过消化道、呼吸道、眼结膜和皮肤损伤感染。冬季缺乏青饲料、天气变化、有寄生虫或沙门菌感染均可成为本病发生的诱因。

临床症状

病羊短期发热，精神抑郁，食欲减退，多数病例表现脑炎症状，如转圈，倒地，四肢做游泳状姿势，颈部强直，角弓反张，颜面神经麻痹，咀嚼肌麻痹，咽麻痹，昏迷等（图3-64）。妊娠羊可出现流产；羔羊多以急性败血症而迅速死亡，病死率很高。

病理变化

剖检一般没有特殊的肉眼病变。有神经症状的病羊，脑及脑膜充血、水肿，脑脊液增多、稍混浊。流产母羊均有胎盘炎，表现胎盘子叶水肿坏死，血液和组织中单核细胞增多（图3-65、图3-66）。

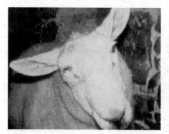

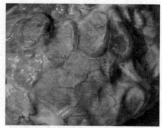

图 3-64　病羊头部一侧性麻痹　　　图 3-65　病羊脑膜充血、水肿　　　图 3-66　患病母羊胎盘发炎，子叶水肿

病名	与羊李氏杆菌病的相似点	与羊李氏杆菌病的不同点
羊弓形虫病	二者均表现体温升高（41.5℃），转圈，肌肉僵硬，流鼻液，羔羊急性死亡，妊娠羊流产	羊弓形虫病的病原为龚地弓形虫；剖检可见脑坏死灶有龚地弓形虫
羊妊娠毒血症	二者均有食欲减退或废绝，视力减退，意识障碍，卧地四肢划动；肝脏有小坏死点	羊妊娠毒血症无传染性；病羊妊娠后期发病，多表现营养不良；血检总蛋白和血糖少，血酮增多，尿丙酮呈阳性
羊脑软化症	二者均有转圈，角弓反张，吞咽困难，视力消失，卧地四肢划动；脑软化	羊脑软化症无传染性；病羊体温不高，剖检脑多为一侧软化，镜检无V字细菌

　　由于本病目前无有效疫苗，防治本病必须采取综合性措施，紧抓"养、防、检、治"等基本环节。

　　（1）加强饲养管理，贯彻自繁自养的原则　羊有发达的瘤胃，是典型的草食动物，在饲养中一定要注意粗精饲料的配比，必须坚持以粗料为主、精料适当补充的饲养方法，严禁大量饲喂精料。另外注意矿物质、维生素的补充，多胎羊（如小尾寒羊）一定要注意钙的补充，防止缺钙。必须从外地引进羊只时，要调查其来源，引进后先隔离观察1周以上，确认无病后方可混群饲养，从而减少病原体的侵入。

　　（2）药物预防及加强检疫　由于本病目前无有效疫苗，平时的药物预防及加强检疫是防止本病发生的重要措施。定期使用抗生素，如将磺胺类药物拌入饲料中，不从疫区引进羊只。

　　（3）定期消毒，杀虫灭鼠，对粪便进行无害化处理　定期对羊舍、饲养用具、场地等用百毒杀、5%的漂白粉等溶液进行消毒，驱除和扑杀羊圈附近的鼠类，消灭羊的体外寄生虫。粪便用发酵法处理 1~3 周，可杀灭病原体及寄生虫卵。

（4）早发现、早隔离、早治疗　认真观察羊只动态，对患病羊只做到早发现，尽快隔离治疗，及时消灭病原体，防止疫情扩散。

治疗方法　对本病的治疗主要是早期大剂量使用抗生素，疗效显著。早期大剂量应用磺胺类药物，或与抗生素并用，有良好的治疗效果。用 20% 磺胺嘧啶钠 5~10 毫升，氨苄西林按每千克体重 1 万 ~1.5 万单位，庆大霉素按每千克体重 1000~1500 单位，肌内注射，每天 2 次。

病羊有神经症状时，可对症治疗，肌内注射盐酸氯丙嗪，按每千克体重 1~3 毫克。隔离治疗的同时，对羊舍用具用 2% 的火碱（氢氧化钠）、3% 来苏儿彻底消毒。

十五、羊坏死杆菌病

羊坏死杆菌病是由坏死梭杆菌感染所引起的一种畜禽共患慢性传染病。其临床特征为病羊皮肤、皮下组织和消化道黏膜坏死，有时在其他脏器上形成转移性坏死灶。

流行特点　坏死梭杆菌在自然界分布很广，动物的粪便、死水坑、沼泽和土壤中均有存在。通过损伤的皮肤和黏膜感染，多见于低洼潮湿地区和多雨季节，呈散发或地方性流行。

临床症状　绵羊患坏死杆菌病多于山羊，常侵害蹄部，引起腐蹄病（图 3-67）。病初呈跛行，多为一肢患病，蹄间隙、蹄踵和蹄冠开始时红肿、热痛，而后溃烂，挤压肿烂部有发臭的脓样液体流出，随病变发展，可波及腿、韧带和关节，有时蹄匣脱落。如该菌转移到耳尖、尾尖及肩关节后方会出现干性坏死（图 3-68），呈黑革样痂皮，绵羊羔可发生唇疮，在鼻、唇、眼部，甚至口腔发生结节和水疱，随后成棕色痂块。坏死部位也可发生在乳房、脐、阴门等。轻症病例，能很快恢复；重症病例若治疗不及时，往往由内脏形成转移性坏死灶而死亡。

病理变化　脐环坏死部分形成纤维素性腹膜炎，坏死性肝炎时肝脏肿大、呈黄疸色，散在许多黄白色坚实的坏死灶（图 3-69）。如延至肺，肺也有灰黄色圆形坏死灶（图 3-70）。

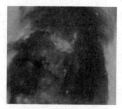
图 3-67　病羊腐蹄病

图 3-68　病羊肩后部干性坏死

图 3-69　病羊肝脏局灶性坏死病变

图 3-70　病羊肺出现坏死灶

类症鉴别

病名	与羊坏死杆菌病的相似点	与羊坏死杆菌病的不同点
羊腐蹄病	二者均表现蹄部肿痛，流臭液，跛行，羔羊有坏死性口炎	羊腐蹄病的病原为结节梭形杆菌；病羊蹄匣、蹄冠、蹄间隙红肿、溃疡，羔羊口炎病变为发生结节、水疱后成棕色痂；于健病交界处刮取物涂片可检出结节梭形杆菌
绵羊红蹄病	二者均表现跛行，蹄壳敏感，口有溃疡	绵羊红蹄病的病原尚不清楚，多发于新生羊羔，病羊蹄壳变松或脱落露出肉叶

预防措施

加强管理，保持羊圈的干燥，避免外伤发生。如发现外伤，应及时涂擦碘酊。

治疗方法

对蹄部病变，首先要清除坏死组织。用食醋、3% 来苏儿或 1% 高锰酸钾溶液冲洗，或用 6% 福尔马林或 5%~10% 硫酸钠蹄浴，然后用抗生素软膏涂抹。为防止硬物刺激，可将患部用绷带包扎。当发生转移性病灶时，应进行全身治疗，以注射磺胺嘧啶或土霉素效果最好。连用 5 天，并配合应用强心和解毒药，可促进其康复，提高治愈率。

十六、羊弯杆菌病

羊弯杆菌病又称羊弧菌病，是由胎儿弯杆菌感染所引起的一种细菌性传染病。其主要临床特征为病羊暂时性不育和流产。

流行特点

胎儿弯杆菌对人和动物均有感染性，绵羊感染可引起流产，病菌主要存在于流产绵羊的胎盘、胎儿胃内容物及血液和粪便中。正常动物的肠道中也有空肠弯杆菌存在。空肠弯杆菌可引起人和动物的腹泻，也可引起绵羊的流产，患病羊和带菌羊是传染源，主要经消化道感染。绵羊流产常呈地方性流行，在一个地区或一个羊场流行 1~2 年或更长一段时间后，可停息 1~2 年，然后又重新发生流行。

临床症状

妊娠母羊多于后期（第 4~5 个月）发生流产，娩出死胎、死羔或弱羔。流产母羊一般只有轻度先兆——流出少量阴道分泌物，易被忽视。流产后阴道排出黏脓性分泌物。大多数流产母羊很快痊愈，少数母羊由于死胎滞留而发生子宫炎、腹膜炎或子宫脓毒症，最后死亡。病死率为 5% 左右。

图 3-71 患病母羊子宫内膜炎

病理变化

流产胎儿皮下水肿，肝脏有坏死灶。病死羊可见子宫炎、腹膜炎和子宫积脓（图 3-71）。

类症鉴别

病名	与羊弯杆菌病的相似点	与羊弯杆菌病的不同点
羊衣原体性流产	二者均有流产，流产后再妊娠不再流产，胎儿水肿，体腔有血色液体	羊衣原体性流产的病原为鹦鹉热衣原体；病羊常并发死胎或胎衣滞留；子宫分泌物涂片染色、镜检可见红色原生小体和蓝色初级小体
羊布鲁氏菌病	二者均表现易在妊娠后第 4~5 个月流产，流产前 2~3 天阴门流带血黏液	羊布鲁氏菌病的病原为布鲁氏菌；病羊常并发子宫炎、角膜炎，公羊有睾丸炎，胎衣有黄色胶冻样浸润，并附着纤维素性蛋白絮片和脓液，胎儿皮下有出血性胶冻样浸润，皱胃有浅黄色或白色黏液、絮状物；用布鲁氏菌水解素 0.2 毫升做尾根皮内注射，48 小时表现红肿热痛为阳性
羊沙门菌性流产	二者均有预产期前 6 周流产。流产前 2~3 天阴门流带血黏液，胎儿皮下水肿，浆膜腔内有液体	羊沙门菌性流产的病原为沙门菌；病羊体温升高（40~41℃），步态僵硬，有些羊腹泻；胎儿肝脏、脾脏肿胀、有灰色病灶，心外膜显著出血
羊边界病	二者均表现流产	羊边界病的病原为边界病毒；病羊流产可发生于妊娠的任何时期，胎儿脑水肿、小脑发育不全，羔羊体小、毛过长，走路摇摆，肌肉震颤；用脾组织乳剂注于妊娠羊可在 3 周内使胎儿发生特征性病变
羊裂谷热（地方流行性肝炎）	二者均表现流产	羊裂谷热的病原为裂谷热病毒；病羊呕吐，体温升高（41~42℃）；羔羊肝脏肿大、质脆、色斑驳、有灰黄色坏死灶，肝细胞有嗜酸性包涵体

1）严格执行兽医卫生防疫措施。产羔季节流产母羊应严格隔离并进行治疗。流产胎儿、胎衣及污染物要彻底销毁；粪便、垫草等要及时清除并进行无害化处理；流产地点及时消毒除害。染疫羊群中的羊不得出售，以免扩大传染。

2）本病流行区可用当地分离的菌株制备弯杆菌多价灭活菌苗，对绵羊进行免疫接种，可有效预防流产。

1）对尚未流产的母羊，最好采用抗生素予以治疗，用四环素族抗生素（按每千克体重 5~10 毫克，分 2 次用）、链霉素（按每千克体重 10~20 毫克）、庆大霉素（按每千克体重 1000~1500 单位）、2.5% 恩诺沙星（按 10 千克体重 1 毫升），12 小时 1 次。

2）流产后子宫发炎，用 0.5% 来苏儿冲洗子宫，每天 1~2 次，直至炎性产物完全消失为止。外阴用 2% 来苏儿或 0.2% 高锰酸钾洗涤。

十七、羊衣原体病

羊衣原体病是由鹦鹉热衣原体感染所引起的一种传染病。其主要临床特征为妊娠母羊明显发热，且流产、产死胎和产弱羔。在本病的流行过程中，还会有些病羊出现结膜炎、多发性关节炎等症状。

衣原体具有较广的宿主范围，羊、牛、猪是家畜中最容易感染的动物，但年龄不同患病动物所表现出的临床症状也有所不同。1~8 月龄的羔羊患病后通常多见结膜炎、关节炎，成年母羊患病后大部分流产。

本病的主要传染源是病羊和带菌羊。羊只排出的尿液、粪便和分泌的乳汁及羊水、胎衣和流产的胎儿等，都含有病原体，从而对环境、饲料及水源等造成污染，并经消化道使健康羊只感染，也可通过对空气中的尘埃和液滴造成污染，从而通过眼结膜和呼吸道引起感染。如果健康母羊与患病公羊进行交配或者人工授精使用的精液来自于患病种公羊也都能够引起感染。另外，本病还可能经由吸血昆虫叮咬而造成传播。

本病通常呈地方性流行或者散发。当羊只受到应激因素的刺激，如饲养密度过大、缺乏营养，经过长途迁徙或者运输，以及感染寄生虫等，都能够诱使本病的发生与流行。

本病在临床上可分为 3 种类型。

（1）关节炎型　通常是羔羊容易发生。发病初期，病羊体温明显升高，可达 41~42℃，食欲不振，行动迟缓，肢关节特别是附关节和腕关节发生肿胀，伴有疼痛，出现跛行。随着病情的加重，病羊肌肉逐渐僵硬，或者频繁弓背，往往处于俯卧状，体重下降，体质消瘦，生长发育停滞。部分病羊还会伴发结膜炎。病程一般持续 2~4 周。

剖检可见在关节内及其周围、眼睛和肺发生病变。寰枕关节囊和肢关节发生扩张，里面含有琥珀色液体，有纤维素性的疏松絮片附着在滑膜上，长久会导致滑膜增生且粗糙，腱鞘也会出现类似病变。眼睛可见滤泡性结膜炎。肺病变后可分成粉红色的萎缩区和实变区。

（2）结膜炎型　主要是绵羊容易发生，特别是育肥羔羊和哺乳羔羊更容易发生。病羊眼结膜发生水肿、充血（图 3-72），持续性流泪，经过 2~3 天角膜变得混浊，生翳糜烂，并形成溃疡穿孔。再经过数天，会有 1~10 毫米的淋巴滤泡出现在眼结膜和瞬膜上，因此又称滤泡性结膜炎。部分病羊会伴有关节炎的症状，出现跛行。该类型发病率较高，病程能够持续 6~10 天。

（3）流产型　一般有 50~90 天的潜伏期。患病妊娠母羊通常在妊娠中后期流产。主要表现流产，以及产死胎或者弱羔（图 3-73）。流产后容易发生胎衣不下，且连续数天有分泌物从阴道排出。若出现继发感染会引发细菌性的子宫内膜炎，并可能死亡。第 1 次流产的母羊流产率为 20%~30%，之后会逐渐降低，而有过流产史的母羊则不会再发生流产。患病母羊胎膜水肿，明显增厚，胎盘子叶呈黄色或者黑红色。流产胎儿水肿，皮下组织、淋巴结及胸腺有出血点。肝脏肿胀、充血，且表面有灰白色大小不同的病灶。患病羔羊表现多发性关节炎（图 3-74）。

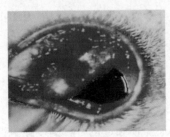

图 3-72　病羊眼结膜水肿、充血

图 3-73　患病母羊娩出生命力不强的弱羔

图 3-74　患病羔羊表现多发性关节炎

病名	与羊衣原体病（流产型）的相似点	与羊衣原体病（流产型）的不同点
羊布鲁氏菌病	二者均表现妊娠羊流产、死胎	羊布鲁氏菌病的病原为布鲁氏菌；病羊流产前阴门流黄色黏液，精神委顿，烦渴，胎衣呈黄色胶冻样浸润，覆有纤维蛋白或脓液，胎儿皮下出血性胶冻样浸润，浆膜腔有微红液；用补体结合反应和变态反应可确诊
绵羊弯杆菌性流产	二者均表现妊娠羊流产，胎儿水肿	绵羊弯杆菌性流产的病原为弯杆菌；病羊通常在预产期前 4~6 周流产、胎盘子叶肿大和坏死，胎儿肝脏有坏死灶；皱胃内容物涂片镜检可见弯杆菌
绵羊沙门菌流产	二者均表现妊娠羊流产，胎儿水肿，浆膜腔有液体	绵羊沙门菌流产的病原为沙门菌；病羊多在预产期前 6 周流产，体温达 40~41℃，步态僵硬，有的腹泻，胎儿肝脏、脾脏肿大、有坏死灶，浆膜、心外膜有小点出血；用荧光抗体检查可得出初步结果

（1）**免疫接种**　羊群适时免疫接种羊流产衣原体灭活苗，定期严格按照疫苗使用说明书进行注射，从而能够有效预防本病的流行。一般每只羊可接种 3 毫升，免疫期可持续约 3 年。另外，羊只接种疫苗的同时可注射适量的盐酸左旋咪唑，同时将适量的电解多维溶液添加在饮水中任其饮用，从而增强机体抵抗力。

（2）**适时驱虫**　羊群每年春、秋季节定期驱虫，按每 10 千克体重皮下或者肌内注射 0.5 毫升复方长效伊丙硫二醇注射液或者 0.2 毫升伊维菌素，有效防止体内外寄生虫感染，驱虫后的粪便要采取堆积生物发酵的方式处理。

羊场发生本病时，要立即对流产母羊及其生产的羔羊进行隔离，且销毁流产的胎盘及其他排出物。同时，使用 2% 来苏儿溶液、2% 氢氧化钠溶液等对污染的场地、圈舍等环境进行严格消毒。

四环素族抗生素对控制母羊流产是有效的。流产后用四环素可防止子宫继发感染。同时用 0.1% 雷佛奴耳溶液冲洗子宫并注入青霉素、普鲁卡因，隔天 1 次。如胎衣滞留，用缩宫素 10~20 单位皮下注射。

十八、羊支原体性肺炎

羊支原体性肺炎又称羊传染性胸膜肺炎，是由支原体感染所引起的一种高度接触性传染病。其主要临床特征为病羊发热，咳嗽，浆液性和纤维蛋白性肺炎及胸膜炎。

流行特点

在自然条件下，丝状支原体山羊亚种只感染山羊，以 3 岁以下的山羊发病较多；而绵羊肺炎支原体则可感染山羊和绵羊。病羊为主要传染源，病肺组织及胸腔渗出液中含有大量病原体，主要经呼吸道分泌物排菌。耐过羊在相当长的时间内也可成为传染源。

本病常呈地方性流行，主要通过空气、飞沫传播，经呼吸道感染，接触传染性强。阴雨连绵，寒冷潮湿，营养缺乏，羊群密集、拥挤等不良因素易诱发本病。

临床症状

本病潜伏期为 18~20 天。羊病初体温升高，精神沉郁，随即咳嗽，流浆液性鼻液。4~5 天后咳嗽加重，浆液性鼻液变为黏脓性，常黏附于鼻孔、上唇，呈铁锈色。病羊多在一侧出现胸膜肺炎变化，肺部叩诊有浊音区，听诊肺部有支气管呼吸音和摩擦音，触压胸壁，羊表现敏感、疼痛。病羊呼吸困难，高热稽留，眼睑肿胀，流泪或有黏液性和脓性分泌物，腰背弓起做痛苦状。妊娠母羊可发生流产，部分羊腹泻，有些病例口腔溃烂，唇部、乳房等部位皮肤发疹。病羊在濒死前体温降至常温以下，病程多为 7~15 天。如果病期延长，可影响羊的生长发育（图 3-75）。

病理变化

病变多局限于胸部。胸腔常有浅黄色积液（图 3-76），暴露空气中后纤维蛋白易于凝固。病理损害常多发生于一侧，常呈纤维素性肺炎，有时为两侧性肺炎；肺实质肝变，切面呈大理石样变化（图 3-77）；肺小叶间质变宽，界限明显；血管内常有血栓形成；胸膜增厚而粗糙，常与胸膜、心包膜发生粘连；支气管淋巴结、纵隔淋巴结肿大，切面多汁并有出血点；心包积液，心肌松弛、变软。肝脏、脾脏肿大，胆囊肿胀；肾脏肿大，被膜下可见有小点出血。病程久者，肺肝变区凸出于表面，结缔组织增生，甚至有包囊化的坏死灶。

图 3-75　病羊生长发育受阻

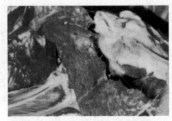
图 3-76　病羊胸腔内有浅黄色积液

图 3-77　病羊肺实质切面呈大理石样变化

病名	与羊支原体性肺炎的相似点	与羊支原体性肺炎的不同点
羊梅迪－维斯纳病（呼吸型）	二者均有呼吸急促、困难，消瘦，衰弱，胸壁粘连	羊梅迪－维斯纳病的病原为梅迪－维斯纳病毒；病羊体温正常，无咳嗽，潜伏期和病程很长；剖检可见肺膨大2~4倍，与脏胸膜粘连而不与肋胸膜粘连，切面发白；琼脂扩散和荧光法可确诊
羊肺腺瘤病	二者均表现体温升高，咳嗽，呼吸困难，流鼻液	羊肺腺瘤病的病原为羊肺腺瘤病病毒，绵羊敏感；放牧、走路症状加重，低头，流大量鼻液；剖检可见肺表面有灰白色小结节并融合为大结节，切面流水肿液
羊巴氏杆菌病	二者均有体温升高（41~42℃），咳嗽，呼吸急促、困难，流鼻液，流脓性眼眵，腹泻，胸腔积液，肺有肝变，有纤维性胸膜炎	羊巴氏杆菌病的病原为巴氏杆菌；绵羊易感（山羊不易感），急性病例先便秘后下痢，颈胸皮下水肿；剖检可见皮下液体浸润和有小出血点；病变渗出液涂片染色、镜检可见两极染色卵圆形杆菌
羊网尾线虫病	二者均表现咳嗽，呼吸急促，流鼻液	羊网尾线虫病的病原为网尾线虫；病羊咳嗽剧烈、有阵发性，常打喷嚏；胸部、四肢水肿，痰中有成虫、幼虫、虫卵；切开肺部结节可见虫体
羊支气管炎	二者均表现体温升高，咳嗽，流鼻液，食欲减退，慢性咳嗽可延长数月	羊支气管炎病例无传染性，听诊有干性、湿性啰音和水泡音（无摩擦音），早上出羊舍时咳嗽剧烈，肺有气肿时肺音界后移；剖检可见支气管黏膜充血、肿胀
羊支气管肺炎（急性）	二者均表现体温升高（40~41℃），咳嗽，流鼻液，肋部听诊有浊音	羊支气管肺炎病例无传染性，病初干短咳，后湿长咳（胸无压痛，眼无眵）；剖检可见几个肺小叶发红，周围气肿
羔羊肺炎（急性）	二者均表现体温升高（40~41℃），咳嗽，流鼻液，呼吸困难，头颈伸直，沉郁，绝食	羔羊肺炎病例无传染性，无锈色鼻液，肋部叩诊无反应；剖检可见肺肝变区切开排泡沫，胸膜无变化
羊草酸盐中毒	二者均表现精神委顿，绝食，呼吸急促	羊草酸盐病例因吃含草酸盐的植物（盐生草、油树）而发病，无传染性，体温不高，肋部不敏感

1）坚持自繁自养，勿从疫区引进羊只；加强饲养管理，增强羊的体质；对从外地引进的羊只，严格隔离，检疫无病后方可混群饲养。

2）在本病流行区，坚持免疫接种。山羊支原体性肺炎氢氧化铝灭活菌苗，半岁以下羊皮下或肌内接种3毫升，半岁以上羊接种5毫升。

3）羊群发病，及时进行封锁、隔离和治疗。污染的场地、羊舍、饲养管理用具，以及粪便、病死羊的尸体等进行彻底消毒或无害化处理。

十九、羊腐蹄病

羊腐蹄病是由结节梭形杆菌感染所引起的一种接触性传染病。其临床特征为病羊趾间皮肤和邻近软组织发生坏死性炎症。单纯的结节梭形杆菌感染，一般只引起不太明显的局部损伤。继发坏死梭菌等感染时，可引起恶性腐蹄病，影响羊只运动、采食、体重及羊毛产量和母羊受精等。

流行特点 结节梭形杆菌是羊体的自然栖息菌，甚至在干燥条件下，也可于感染羊蹄部存活 2~3 年。温暖季节在高湿草场放牧的羊群常暴发本病。蹄部皮肤过湿、角质软化、创伤、擦伤等常易诱发感染。坏死梭菌等几种土壤细菌可参与本病的发生。

图 3-78 病羊跛行，蹄壳组织坏死

症状与病变 （1）**恶性型** 强毒株引起或继发感染所致。多个蹄壳的上皮组织发生严重的坏死性损害，以致和蹄角质大面积分离。病羊厌食、跛行，体重减轻，羊毛质量下降，减产，瘦弱致死，或成为带菌羊（图 3-78、图 3-79）。

（2）**良性型** 趾间皮炎，轻度跛行，倾向于自愈。

图 3-79 病羊蹄壳组织坏死

（3）**中间型** 介于以上两型之间。

疾病暴发的早期，难以区别以上各型。

类症鉴别

病名	与羊腐蹄病的相似点	与羊腐蹄病的不同点
羊口蹄疫	二者均表现跛行，口鼻有水疱，蹄有病变	羊口蹄疫的病原为口蹄疫病毒，传染速度快，蹄趾间水疱破裂后变成溃疡，蹄不腐烂，不流恶臭液
绵羊红蹄病	二者均表现跛行，蹄壳敏感，口有溃疡	绵羊红蹄病的病原尚不清楚，多发于新生羔羊，蹄壳变松或脱落露肉叶，痛苦爬行，不能吃奶而饿死
绵羊趾间皮炎	二者均表现跛行，趾间发红	绵羊趾间皮炎的病原尚不清楚，病羊趾间皮肤发红、潮湿、疼痛，即使有溃疡也无臭
羊蹄叶炎	二者均表现患肢不能负重，跛行	羊蹄叶炎病例多因吃精料多而发病，蹄壳敏感而不腐烂

防治
措施（1）**免疫接种**　国外用不同血清型的细菌灭活培养物，加入佐剂制成菌苗，免疫接种 2 次以上（间隔 6 周至 12 个月），能保护羊群免受感染。

（2）**足浴**　用 10%~20% 硫酸锌溶液或 5% 甲醛溶液足浴 6~12 秒，蹄底腐烂部涂外用油膏。同时注意清除诱因，不在低洼潮湿牧地放牧。

（3）**全身疗法**　大观霉素（100 毫克 / 毫升）和林可霉素（50 毫克 / 毫升）等量混合，按每 10 千克体重 1 毫升，肌内注射 1 次，对恶性型病例的疗效可达 95%。

二十、羊放线菌病

放线菌病是由放线菌感染所引起的一种牛、羊和其他家畜及人共患的非接触性慢性传染病，以局部组织增生与化脓，形成放线菌肿为特征。

流行
特点　放线菌病的病原不仅存在于污染的土壤、饲料和饮水中，而且还寄生于动物口腔、咽部黏膜、扁桃体和皮肤等部位。因此，黏膜或皮肤上只要有破损，便可以感染。羊常在头部、面部和口腔的创伤处发生放线菌感染。

临床
症状　常在舌、唇、下颌骨、乳房出现损害。病羊上、下颌骨肿大（图 3-80），肿胀发展缓慢，最初的症状是下唇和面部的其他部位增厚，经过几个月才在增厚的皮下组织中形成直径达 5 厘米左右、单个或多个的坚硬结节（图 3-81），有时皮肤化脓破溃，形成瘘管，从瘘管中排出脓液。病羊不能采食，消瘦，衰弱。舌和咽部感染时，组织肿胀、变硬，流涎，咀嚼困难（图 3-82）。乳房患病时，呈弥漫性肿大或有局灶性硬结。

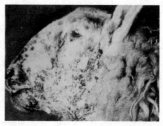

图 3-80　病羊上颌骨放线菌肿　　图 3-81　病羊面部皮肤增厚，形成　图 3-82　病羊舌头硬肿，伸出口外
　　　　　　　　　　　　　　　　　　　　　　坚硬结节

在受害器官的个别部分，有扁豆粒至豌豆粒大小的结节样生成物，这些小结节聚集而形成大结节，最后变为脓肿。脓肿中含有乳黄色脓液，其中有大量放线菌。这种肿胀是化脓性微生物增殖的结果。当细菌侵入骨骼（颌骨、鼻甲骨、腭骨等）后，骨骼逐渐增大，形似蜂窝。这是由于骨质疏松和再生性增生的结果。切面常呈白色，光滑，其中镶有细小脓肿。也可发现有瘘管通过皮肤或引流至口腔。在口腔黏膜上有时可见溃烂，或呈蘑菇状生成物，圆形，质地柔软，呈褐黄色，病期长久的病例，肿块可能会钙化。当舌体患病时，舌体增粗变硬（图3-83）。

图 3-83 病羊舌体增粗变硬

病名	与羊放线菌病的相似点	与羊放线菌病的不同点
羊淋巴结脓肿	二者均表现皮肤出现肿胀，食欲减退	羊淋巴结脓肿的病原是链球菌；多发生于颌下、耳下、颈部的淋巴结部位，肿胀有热痛，后期变软，针刺或自溃流脓，脓中无黄白色小颗粒；脓液涂片染色镜检，可见单个或双列的短链圆形或椭圆形球菌
羊坏死杆菌病（坏死性皮炎）	二者均表现耳部、乳房先有结节，质硬、无热、无痛，有痂皮	羊坏死杆菌病的病原是坏死杆菌；病患多发于体侧、臀部皮肤，破溃后流灰黄或灰棕色恶臭液体；在健病组织交界处取病料或培养物涂片，用石炭酸复红或亚甲蓝染色镜检，可见着色部分被几乎完全不着色的空泡分开形成串珠状长丝形菌体或细小的杆菌

1）避免在低洼、潮湿地区放牧。

2）舍饲的羊，最好将干草、谷糠等浸软，避免刺伤口腔黏膜。

3）严格执行饲养管理及兽医卫生制度，特别是防止皮肤、黏膜发生损伤。有伤口时应及时处理。

硬结可用外科手术切除，若有瘘管形成，要连同瘘管彻底切除。切除后的新创腔，要用碘酊纱布填塞，1~2天更换1次。内服碘化钾，每天1~3克，可连用2~4周；在用药过程中如出现碘中毒现象（脱毛、消瘦和食欲缺乏等），应暂停用药5~6天或减少剂量。抗生素治疗也有效，可同时用青霉素和链霉素注射于患病部周围，青霉素按每千克体重1万~1.5万单位，链霉素按每千克体重10毫克，连用5天为1个疗程。

二十一、羊钩端螺旋体病

羊钩端螺旋体病是由钩端螺旋体感染所引起的一种人兽共患传染病。其临床特征为病羊短期发热、黄疸、血色尿、皮肤和黏膜坏死和迅速衰竭等。羊感染后一般呈隐性经过。

流行特点　易感动物范围广，包括各种家畜和野生动物，其中鼠类最易感。病畜和带菌动物是传染源，特别是带菌鼠在钩端螺旋体病的传播上起着重要作用。病原通过尿液排出后，污染周围的水源和土壤，经皮肤、黏膜和消化道而感染。也可通过吸血昆虫传播。本病多发生于夏、秋季节，气候温暖、潮湿和多雨地区尤为多发。饲养管理与本病的发生和流行有密切关系，饥饿、饲养不合理或其他疾病使机体衰弱时，原为隐性感染的羊表现出临床症状，甚至死亡。管理不善，饲料中维生素缺乏或不足，羊舍、运动场的粪尿、污水不及时清理，常是本病暴发的重要因素。

临床症状　本病潜伏期为2~20天，传染率高，发病率低，轻症多，重症少。

（1）**急性型**　病羊突然高热，黏膜发黄，尿色很暗，其中有大量白蛋白、血红蛋白和胆色素。血液中尿素浓度于病的末期达最高峰。并常见皮肤干裂、坏死和溃疡，四肢僵硬、关节肿大（图3-84）。常于发病后3~7天内死亡。病死率很高。

图3-84　病羊皮肤干裂，四肢僵硬、关节肿大

（2）**亚急性型**　病羊体温有不同程度的升高，食欲减退，黏膜黄染，产奶量显著下降或停产。乳色变黄如初乳状并伴有血凝块，很少死亡。

（3）**流产型**　流产是羊钩端螺旋体病的重要症状之一。一些羊群暴发本病的唯一症状就是流产，但也可与急性症状同时出现。

病理变化　尸体消瘦，皮肤有干裂性坏死性病灶，口腔黏膜有不同程度的黄染，且有溃疡，皮下发生胶冻样浸润及出血，肠黏膜及浆膜有大量出血，胸、腹腔有黄色渗出液。肺、心脏、肾脏和脾脏等实质器官有出血斑点。肝脏松软、肿大，质地脆弱，呈黄色或色调不均匀；肾脏肿大，皮质有散在的灰白色病灶。肠系膜淋巴结肿大、出血。

病名	与羊钩端螺旋体病的相似点	与羊钩端螺旋体病的不同点
羊巴贝斯虫病	二者均有体温升高（41~42℃），心跳、呼吸加快，黏膜苍白，黄疸，血尿，皮下组织黄染	羊巴贝斯虫病的病原为巴贝斯虫，由蜱传播，腹泻；剖检可见淋巴结肿大，有出血点，胆囊肿大3~4倍；血检可见巴贝斯虫

预防措施

1）消灭传染源，开展灭鼠工作，防止草料及水源被鼠类尿液污染。

2）避免引进带菌羊，不要从疫区购买羊只。对新购入的羊只，必须隔离检疫30天，无病方可混群。

3）发现病羊应立即隔离，消除和清理被污染的水源、污水、淤泥、牧地、饲料、场舍、用具等以防止传染和散播。

4）加强饲养管理和实行预防接种，提高羊只的特异性和非特异性免疫力。遇有疑似感染羊，可在饲料中混以0.05%~0.1%四环素，连喂14天有效。

治疗方法

（1）**链霉素** 按每千克体重15~25毫克，肌内注射，每天2次，连用3~5天。

（2）**土霉素** 按每千克体重10~20毫克，肌内注射，每天1次，连用3~5天。

二十二、羊附红细胞体病

羊附红细胞体病是由附红细胞体寄生于人、羊等多种动物红细胞表面、血浆及骨髓中所引起的一种人兽共患传染病。其主要临床特征为病羊黄疸性贫血、生长缓慢、发热、呼吸困难，流产、腹泻。

流行特点

不同年龄、品种的羊均有易感性，妊娠母羊最容易发病，而哺乳羔羊的发病率和死亡率较高，有时可达80%~90%。其他羊多为隐性感染。本病的传播途径有接触性、血源性、垂直性及媒介昆虫4种方式，其中吸血昆虫中的蚊、蝇、虱、蟆等为主要传播媒介，去势、打记号、剪毛等所用的外科手术器械，注射针头等消毒不彻底也可感染，母羊可通过胎盘垂直传染给羔羊。配种时公母羊可互相传播。本病的发生和昆虫的活动有密切关系，多发生于夏、秋季节，尤其是多雨之后最易发病，常呈地方性流行。

本病是多因素性疾病，某些品种的抗病能力弱，饲养管理技术不科学、饲料营养不全面、卫生环境差、免疫程序不合理等因素均可成为诱发本病的原因，在良好的饲养管理条件、卫生清洁的环境、合理的营养结构及机体防御机能健全的情况下，羊一般不会发生急性病例，或不表现临床症状。但是在应激因素，如长途运输、突然断奶、天气骤变等情况下，以及营养缺乏、感染其他疾病的作用下造成机体抵抗力下降时，可大面积暴发本病。

临床症状

根据临床特点，本病可分为急性型、亚急性型、慢性型 3 类。

（1）**急性型** 主要发生于羔羊阶段，多突然死亡，死时口鼻出血，全身红紫，指压褪色。有时突然瘫痪，食欲下降或废绝，无端嘶叫或呻吟，肌肉颤抖，四肢抽搐。死亡时口内、肛门出血。

（2）**亚急性型** 潜伏期为 2~30 天，病羊初期体温升高至 41.5~42.5℃，稽留热 5~8 天。精神沉郁，呆立一隅或长卧不起，食欲不佳，主要表现为前期便秘，后期腹泻，粪由稀、腥臭变为含有血和黏液。尿色变重，呈深黄色或酱油色。有些羊颈部、耳部、鼻部、胸腹下部、四肢内侧皮肤发红，指压不褪色，严重的出现全身紫斑，毛囊有铁锈色斑点。羊体逐渐消瘦（图 3-85），体表淋巴结肿大，后躯

图 3-85 患病羔羊消瘦

无力，喜卧。有的羊两后肢不能站立，流涎，呼吸困难，咳嗽，眼结膜发炎，分泌物增多。

（3）**慢性型** 主要表现为持续性贫血和黄疸。黄疸程度不一，皮肤或眼结膜呈浅黄色至深黄色，皮肤和黏膜苍白。母羊出现流产、死胎、产羔数下降、弱羔增加、不发情等繁殖障碍症状。母羊临产前后发病率较高，乳房、外阴水肿，产后泌乳量减少，缺乏母性，不关注羔羊。公羊出现性欲减退，精子稀薄、变形，畸形精子增多，受胎率低等现象。

病理变化

主要病变为贫血，黄疸。血液稀薄如水，不易凝固，全身肌肉颜色变淡，皮下有出血点，脂肪黄染；肝脏、肾脏、肺、脾脏肿大并且有大小不一的出血点或出血斑，腹水增加；肝脏呈土黄色，可见黄条状坏死；脾脏质软、边缘不整齐，有粟粒大的结节，有的边缘有出血点；胆囊充盈，胆汁浓稠；心包积液，心肌变性、苍白柔软，心外膜及心冠脂肪出血黄染，有少量针尖大出血点；肺有气肿、肉变；全身淋巴结肿大，

切面外翻，浆液渗出，切面有灰白色坏死灶或出血点；胃底部出血、坏死严重，十二指肠黏膜脱落，肠管充血，膀胱苍白，黏膜有少量的出血点，内有积尿，颜色深黄或如浓茶；胸腹腔大量积液。

类症鉴别

病名	与羊附红细胞体病的相似点	与羊附红细胞体病的不同点
羊无浆体病	二者均表现体温升高，贫血，衰弱，红细胞减少，血稀	羊无浆体病的病原为无浆体，寄生于红细胞内
羊巴贝斯虫病	二者均表现虚弱，黏膜苍白，红细胞减少，血稀	羊巴贝斯虫病的病原为巴贝斯虫；有血红蛋白尿，明显黄疸；血片镜检可见红细胞内单个或成对虫体

预防措施

1）加强羊群日常的饲养管理，搞好羊舍及其周围的环境卫生，定期进行常规环境消毒工作。尽量减少应激，避免长途运输。避免频繁更换饲料，饲料营养要全面，羊群适时放牧，保证运动量，增强体质。

2）附红细胞体病与体外寄生虫密切相关，要采用驱虫药浴等方法消灭体表虱、螨等寄生虫，杀灭吸血昆虫（蚊、蝇等）。

3）加强手术器械、注射针头、打耳号器的消毒，杜绝手术创伤感染。

4）发病期间主行免疫注射接种时，每只羊都要更换针头，使用其他手术器械时，严格消毒。

治疗方法

治疗原则为补液、退热、止血、补血、消炎、保肝利胆。

（1）**三氮脒（血虫净、贝尼尔）** 按每千克体重5~10毫克，用生理盐水稀释成5%的溶液，深部多点肌内注射，每天1次，连用3~5天。

（2）**土霉素、四环素** 按每千克体重20毫克，每天1次，口服，连用7天。

（3）**洛克沙胂** 按每千克饲料添加50毫克，连用30天。

第四章
羊寄生虫病的
鉴别诊断与防治

一、羊肝片形吸虫病

羊肝片形吸虫病是由肝片形吸虫寄生于羊的肝脏、胆管、胆囊中所引起的一种体内寄生虫病。本病是对反刍动物危害最严重的寄生虫病之一，能引起动物急性或慢性肝炎和胆管炎，并伴有全身性中毒现象和营养障碍，对绵羊危害更为严重，可引起大批死亡。

虫体背腹扁平如柳叶状，新鲜虫体呈棕红色，其大小随发育程度不同差别很大，一般成熟的虫体长 20~35 毫米、宽 8~13 毫米，体表生有许多小棘（图 4-1~ 图 4-3）。虫体有口吸盘和腹吸盘。

肝片形吸虫的发育需要中间宿主淡水螺参与，寄生于动物肝脏、胆管、胆囊内的成虫产卵后，卵随胆汁进入肠腔，经粪便排出体外。在外界适宜的温度、氧气、水分及光线条件下，孵出毛蚴，毛蚴遇到适宜的中间宿主钻入其体内进行发育。毛蚴在螺体内，经胞蚴、雷蚴和尾蚴几个无性繁殖发育阶段，尾蚴脱掉尾部，以其成囊细胞分泌的分泌物将体部覆盖，黏附于水生植物的草叶上或浮游于水中而形成囊蚴。羊吞食

图 4-1　肝片形吸虫的成虫

图 4-2　肝脏胆管内的黑红色叶状扁平虫体及黄色死亡虫体

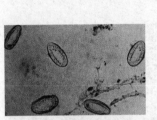

图 4-3　肝片形吸虫的虫卵

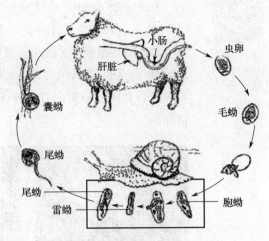

图 4-4　羊肝片形吸虫生活史

了含囊蚴的水草而被感染。囊蚴在羊的十二指肠脱囊而出，童虫穿过肠壁进入腹腔，后经肝包膜钻入肝脏。在肝实质中的童虫，经移行后到达胆管，发育为成虫。成虫在羊体内可存活 3~5 年（图 4-4）。

临床症状

　　轻度感染往往不表现症状。感染数量多时（约 50 条成虫）则表现症状，但羔羊即使轻度感染也表现症状。临床上一般分为急性和慢性 2 种类型。

　　（1）急性型　在短时间内吞食大量（2000 个以上）囊蚴后 2~6 周发病。多发生于夏末、秋季及初冬季节，病势猛，使羊突然倒毙。一般病初表现体温升高，精神沉郁，食欲减退，衰弱易疲劳，离群落后，迅速发生贫血，叩诊肝区半浊音界扩大，压痛敏感，穿刺腹水为血红色，严重者在几天内死亡。

　　（2）慢性型　吞食中等量（200~500 个）囊蚴后 4~5 个月发生，多见于冬末、春初季节，此类型较多见，其特点是逐渐消瘦、贫血和低白蛋白血症，病羊高度消瘦，黏膜苍白，被毛粗乱，易脱落，眼睑、颌下及胸下水肿，腹水增多，母羊乳汁稀薄、妊娠羊往往流产，终因恶病质而死亡。有的病例可拖延至第二年天气转暖、饲料改善后逐步恢复。

　　在大量感染时，急性病例可见口腔黏膜苍白（图 4-5），眼结膜苍白、水肿（图 4-6）；肝脏肿大（图 4-7），包膜有纤维沉积，有 2~5 毫米长的暗红色虫道，虫道内有凝固的血液和少量幼虫；腹腔中有血红色的液体，有腹膜炎病变。慢性病例肝实质萎缩、变硬，边缘钝圆，胆管肥厚、呈绳索样凸出于肝脏表面；胆管内膜粗糙，刀切时有沙沙声；胆管内有虫体和污浊稠厚的液体；胸腹腔及心包内都蓄积着透明的液体。

 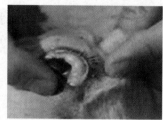 

图 4-5　病羊口腔黏膜苍白　　　图 4-6　病羊眼结膜苍白、水肿　　　图 4-7　病羊肝脏肿大

病名	与羊肝片形吸虫病的相似点	与羊肝片形吸虫病的不同点
羊无浆体病	二者均表现精神沉郁，厌食，黏膜苍白、贫血	羊无浆体病的病原为无浆体，蜱是传播媒介，病羊体温升高（40~42℃），尿清亮、有泡沫；剖检可见肝脏肿大、呈斑驳赤褐色，血稀如水，血片镜检可见红细胞内有 1 个或多个边缘无浆体
羊双腔吸虫病	二者均表现消瘦，贫血，下痢，颌下水肿	羊双腔吸虫病的病原为双腔吸虫，在草原多发，旱螺、蚂蚁为中间宿主；将肝脏在水中撕碎连续洗涤可见虫体
羊食道口线虫病	二者均表现消瘦，下痢或下痢与便秘交替发生，颌下水肿	羊食道口线虫病的病原为食道口线虫，病羊因直接摄入幼虫而发病；剖检可见小肠、大肠壁有结节，有的有脓液，有的钙化，肠腔内有虫体
羊仰口线虫病	二者均表现消瘦，贫血，下痢，颌下水肿	羊仰口线虫病的病原为仰口线虫，病羊因直接摄入幼虫或幼虫经皮肤进入体内而发病；顽固下痢，粪呈黑色，后躯软弱、麻痹；剖检可见皮下浆液浸润，肝脏呈浅灰色，肾脏呈棕黄色，心包、胸膜腔有浆液，十二指肠有虫体和褐色或血色液体
羊钴缺乏症	二者均表现食欲减退，消瘦，贫血，黏膜苍白，下痢	羊钴缺乏症病例因钴缺乏而发病，因土壤缺钴具有地方性，测定土壤含钴量低于 3 毫克 / 千克

（1）**定期驱虫** 驱虫的时间和次数可根据流行区的具体情况而定。在我国北方地区，每年应进行 2 次驱虫：一次在冬季，另一次在春季。南方因终年放牧，每年可进行 3 次驱虫。急性病例可随时驱虫。在同一牧地放牧的动物最好同时都驱虫，尽量减少感染源。

（2）**粪便发酵** 羊的粪便，特别是驱虫后的粪便应堆积发酵产热，以杀死虫卵。

（3）**消灭中间宿主** 灭螺是预防肝片形吸虫病的重要措施。可结合农田水利建设、草场改良、填平无用的低洼水坑等措施，以改变螺的滋生条件。此外，还可用化学药物灭螺，如施用 1：50000 的硫酸铜可达到灭螺的效果。若牧地面积不大，也可饲养家鸭，消灭中间宿主。

（4）**轮牧** 有条件的养殖场，应采取轮牧的方式，在低洼牧地上放牧 1~2 个月后，应将羊转移到其他无污染的牧地上放牧，这样可以避开感染，防止羊肝片形吸虫病的发生。

（5）**加强饲养卫生管理** 选择在高燥处放牧，羊的饮水最好用自来水、井水或流动的河水，并保持水源清洁，以防感染。从流行区运来的牧草必须经处理后，再饲喂舍饲的羊。

治疗羊肝片形吸虫病时，不仅要进行驱虫，而且应该注意对症治疗。治疗用的药物较多，各地可根据药源和具体情况加以选用。

（1）**双酰胺氧醚** 本品对肝片形吸虫童虫有高效，而对成虫只有 70% 以下的杀灭作用，是一种预防肝片形吸虫病的有效药物。内服，按每千克体重 0.1 克。

（2）**氯氰碘柳胺钠** 5% 氯氰碘柳胺钠注射液，皮下或肌内注射，按每千克体重 5~10 毫克；5% 氯氰碘柳胺钠悬浮液，口服，按每千克体重 10 毫克；氯氰碘柳胺钠片（0.5 克），口服，剂量同悬浮液。

（3）**硝氯酚** 片剂，按每千克体重 4~5 毫克，1 次口服；针剂，按每千克体重 0.75~1.0 毫克，深部肌内注射。适用于慢性病例，对童虫无效。

（4）**碘醚柳胺** 本药可杀灭 99% 以上的肝片形吸虫成虫和 98% 的 6 周龄童虫，还可以杀灭 50% 以上的 4 周龄童虫。此药还可驱除 90% 以上的捻转血矛线虫的成虫和 6 日龄以上的幼虫，可以杀灭 98% 以上的羊鼻蝇各期幼虫，对矛形双腔吸虫也有一定效果。内服，羊按每千克体重 7~12 毫克。

（5）阿苯达唑　本药为驱线虫、吸虫、绦虫的广谱驱虫药，目前本药应用非常广泛。剂量为每千克体重 10~15 毫克，1 次口服疗效甚好。本药不仅对成虫有效，对童虫也有一定的功效。

二、羊东毕吸虫病

羊东毕吸虫病又称血吸虫病，是由东毕吸虫所引起的一种吸虫病。成虫寄生于哺乳动物的门静脉和肠系膜静脉中，引起贫血、消瘦和营养不良。

羊东毕吸虫病常见病原主要是土耳其斯坦东毕吸虫，虫体呈线形、乳白色，雌虫为暗褐色，体表平滑无结节。雄虫体长 3.997~5.585 毫米，体宽 0.234~0.468 毫米；虫体前端略扁平，后部体壁向腹面卷曲形成"抱雌沟"。雌虫体长 3.650~4.368 毫米，体宽 0.032~0.047 毫米，较雄虫纤细，略长（图 4-8）。

虫体逆血流移行至肠黏膜下的静脉末梢产卵，严重感染时可见在小肠黏膜下形成暗色虫卵结节。虫卵也可被血流冲积到肝脏，形成针尖大小的黄色虫卵结节。经过一段时间的蓄留，虫卵破肠黏膜下末梢血管而落入肠腔；肝脏的虫卵结节被结缔组织包埋后钙化，或破结节随血流、胆汁而注入小肠。虫卵随粪便排至外界，

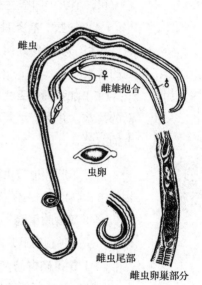

图 4-8　土耳其斯坦东毕吸虫

这时虫卵内已有发育的毛蚴雏形，在适宜的温度、湿度条件下，经数小时至 10 天左右孵出毛蚴。毛蚴在水中遇到适宜的中间宿主——椎实螺科的数种螺蛳，毛蚴即迅速钻入螺体内，经过母胞蚴、子胞蚴发育到成熟的尾蚴。尾蚴在逸出螺体后的 1~2 天内，遇羊在水中吃草或饮水时，尾蚴即借穿刺腺分泌物的作用，穿透四肢皮肤，侵入宿主体内，随血流到达肠系膜血管，经 1.5~2 个月发育成熟（图 4-9）。

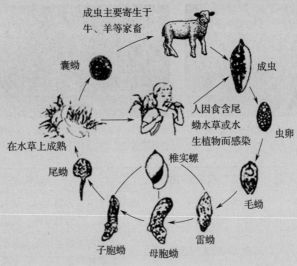

成虫主要寄生于
牛、羊等家畜

成虫

囊蚴

人因食含尾
蚴水草或水
生植物而感染

虫卵

在水草上成熟

椎实螺

尾蚴

毛蚴

子胞蚴   母胞蚴   雷蚴

图 4-9　东毕吸虫生活史

临床症状

　　本病多呈慢性经过，一般表现为贫血、消瘦。病羊生长发育不良，个体小、体重轻。绒毛量少、质量差。黄疸和颌下与腹下水肿。母羊不孕或流产，严重感染的羊群，适龄母羊的发情受胎率降低，并出现流产。

　　病羊精神萎靡，食欲废绝，反刍停止，消瘦，可视黏膜苍白黄染。心音亢进，频数、节律不齐，有的病例出现明显的心动间歇，呼吸急促，呈腹式呼吸，肺泡音粗厉，胃肠蠕动音极弱或消失。轻症病例运动障碍，举步艰难，排褐色稀便，尿色橙黄。重症病例卧下不起，伸颈呼吸，发出呻吟声，自两鼻孔流出少量黏液。濒死时，瘫卧伸颈，张口呼吸，自鼻孔和口角流出带泡沫的粉红色液体，呻吟不止，最后哞叫，挣扎而死。

病理变化

　　尸体明显消瘦，贫血（图 4-10），腹腔常有大量腹水。在感染数千条以上的病例，其肠系膜及大网膜均有明显的胶冻样浸润，更严重的可以波及胃肠壁的浆膜层；小肠黏膜上可见有出血点或坏死灶；肠系膜淋巴结普遍地表现水肿。肝脏组织出现程度不同的结缔组织化；肝脏质地变硬，在肝脏表面可以见到灰白色网状组织的凹陷纹理，而使肝脏表面低洼不平，并且散布着大小不等的灰白色坏死结节（图 4-11）；肝脏在初期多表现为肿大，后期多表现为萎缩，被膜增厚，呈灰白色。

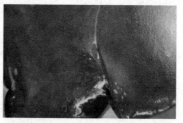

图 4-10　病羊尸体明显消瘦、贫血　　图 4-11　病羊肝脏表面散布着大小不等的坏死结节

类症鉴别

病名	与羊东毕吸虫病的相似点	与羊东毕吸虫病的不同点
羊肝片形吸虫病	二者均表现消瘦，贫血，颌下和腹下水肿，病情发展缓慢	羊肝片形吸虫病的病原为肝片形吸虫，便秘与下痢交替，粪检有虫卵；剖检可见胆管有虫体
羊阔盘吸虫病	二者均表现消瘦，贫血，水肿	羊阔盘吸虫病的病原为阔盘吸虫，羊在牧场因吃了含囊蚴的第二中间宿主螽斯发病；下痢，粪检有虫卵；剖检胰腺有虫体
羊双腔吸虫病	二者均表现消瘦，贫血，水肿	羊双腔吸虫病的病原为双腔吸虫，羊在牧地吃了含有尾蚴的蚂蚁而发病；下痢，粪检有虫卵，将肝脏在水中撕碎，连续洗涤可见虫体
羊捻转血矛线虫病	二者均表现消瘦，贫血，颌下、腹下水肿	羊捻转血矛线虫病的病原为捻转血矛线虫，羊吃了附有幼虫的水草而发病；黏膜苍白、黄疸，下痢与便秘交替发生，粪检易检出虫卵；剖检可见皱胃有扭成麻花状的红色虫体
羊食道口线虫病	二者均表现消瘦，贫血，颌下水肿	羊食道口线虫病的病原为食道口线虫，羊吃了附有幼虫的牧草而发病；持续腹泻，含有大量黏液，有时含血，粪检有虫卵；剖检可见小肠、大肠有结节（有的钙化，有的有脓汁），肠有虫体
羊仰口线虫病	二者均表现消瘦，贫血，颌下水肿	羊仰口线虫病的病原为仰口线虫，幼虫由皮肤钻入羊体，病羊顽固下痢，粪呈黑色，后躯软弱、麻痹；剖检可见肝脏呈浅灰色，肾脏呈棕黄色，十二指肠、空肠内有大量虫体和褐色或血色液体
羊泰勒焦虫病	二者均表现消瘦，贫血	羊泰勒焦虫病的病原为泰勒焦虫，由蜱传播，病羊肢体僵硬，肩前淋巴结肿大，下痢与便秘交替发生；剖检可见肝脏、脾脏、胆囊肿大，肾脏呈黄褐色、表面有浅黄或灰白结节，全身淋巴结充血、出血；肝脾涂片镜检可见石榴体，血检可见虫体

病名	与羊东毕吸虫病的相似点	与羊东毕吸虫病的不同点
羊钴缺乏症	二者均表现食欲减退，消瘦，贫血	绵羊钴缺乏症病例因缺钴而发病，没有皮下浮肿，排血；土壤含钴量低于 3 毫克 / 千克

预防措施

（1）**定期驱虫**　以有效药物杀灭体内的东毕吸虫，使其被控制在最低限度。驱虫可选择在尾蚴停止感染的秋后进行，这样既可以治疗羊，又可以消灭传染源。每次驱虫一定要在划定的驱虫草场（应高燥，无积水坑）上进行，严格防止污染有积水的草场。

（2）**轮牧**　在本病的流行区，要全面、合理地规划草场建设，逐步实行划区轮牧，这不仅对东毕吸虫病的控制有重大意义，而且对预防各类寄生虫病都是非常必要的。

（3）**加强饲养管理**　将粪便堆积发酵，以杀灭虫卵；严禁到东毕吸虫尾蚴污染水源的牧地放牧。

治疗方法

我国主要采用吡喹酮及其复方制剂，按每千克体重 30~40 毫克的剂量口服用药。

三、羊双腔吸虫病

双腔吸虫病是由双腔吸虫寄生于牛、羊、鹿等反刍动物及人的肝脏、胆管和胆囊内所引起的一种人兽共患寄生虫病。本病在全国各地均有发生，尤其是我国西北、东北地区及内蒙古最为常见。虫体可寄生于绵羊、山羊、牛、鹿、骆驼、猪、马属动物、犬、兔、猴等，也偶见于人。本病主要危害反刍动物，牛、羊严重感染时甚至会导致死亡。

虫体及生活史

本病常见的虫体有矛形双腔吸虫和中华双腔吸虫 2 种。矛形双腔吸虫虫体扁平而透明、呈棕红色，可见到内部器官，表皮光滑，外形呈矛状，体长 6.67~8.34 毫米、宽 1.61~2.14 毫米（图 4-12）。

中华双腔吸虫虫体较宽扁，腹吸盘前方部分呈头锥状，其后两侧为肩样凸起，体长 3.54~8.96 毫米、宽 2.03~3.9 毫米。

双腔吸虫在其发育过程中，需要两个中间宿主。第一中

图 4-12　矛形双腔吸虫成虫

间宿主为陆地螺（蜗牛），第二中间宿主为蚂蚁。虫卵随终末宿主的粪便排至体外，虫卵内的毛蚴不在外界孵出，被第一中间宿主陆地螺吞食后，在其体内孵出毛蚴，进而发育为母胞蚴、子胞蚴和尾蚴。尾蚴从子胞蚴的产孔逸出后，移行至螺的呼吸腔，数十个至数百个尾蚴集中在一起形成尾蚴群囊，后被黏性物质粘成黏球，从螺的呼吸腔排出，粘在植物或其他物体上。当含尾蚴的黏球被第二中间宿主蚂蚁吞食后，尾蚴在其体内形成囊蚴。羊吃草时吞食了含囊蚴蚂蚁而感染，囊蚴在终末宿主的肠内脱囊，由十二指肠经胆总管到达肝脏胆管内寄生。需72~85天发育为成虫，成虫在宿主体内可存活6年以上。

临床症状　羊的症状表现因感染强度不同而有所差异。轻度感染的羊，通常无明显症状。严重感染时，则表现为可视黏膜黄染，颌下水肿，消化紊乱，腹泻并逐渐消瘦，甚至可因极度衰竭而导致死亡。

病理变化　主要病变为胆管出现卡他性炎症变化和胆管壁肥厚，胆管周围结缔组织增生。肝脏发生硬变、肿大，肝脏表面粗糙，胆管扩张显露呈索状（图4-13）。在胆管和胆囊内可见寄生有数量不等的虫体。

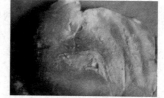

图4-13　病羊肝脏表面粗糙

类症鉴别

病名	与羊双腔吸虫病的相似点	与羊双腔吸虫病的不同点
羊无浆体病	二者均表现黄疸，消瘦，贫血	羊无浆体病的病原为无浆体，由蜱传播；羊体温升高（40~42℃），血稀如水，血片镜检可见红细胞内无浆体
羊肝片形吸虫病	二者均表现消瘦，贫血，下痢，水肿	羊肝片形吸虫病的病原为肝片形吸虫，羊因吃水生植物而感染；一般无黄疸，便秘与下痢交替发生；剖检胆管可见虫体
羊阔盘吸虫病	二者均表现消瘦，贫血，下痢，水肿	羊阔盘吸虫病的病原为阔盘吸虫，第二中间宿主为蚤斯；剖检可见胰管炎，胰管有虫体
羊莫尼茨绦虫病	二者均表现消瘦，贫血，下痢	羊莫尼茨绦虫病的病原为绦虫，中间宿主为地螨；病羊可出现神经症状，粪检有孕卵节片；剖检小肠内有虫体

病名	与羊双腔吸虫病的相似点	与羊双腔吸虫病的不同点
羊捻转血矛线虫病	二者均表现消瘦，贫血，下痢，水肿	羊捻转血矛线虫病的病原为捻转血矛线虫，羊因吃了有幼虫的牧草而发病；黏膜苍白、无黄疸，下痢与便秘交替；剖检可见皱胃有扭成麻花状的红色虫体
羊食道口线虫病	二者均表现消瘦，贫血，下痢，颌下水肿	羊食道口线虫病的病原为食道口线虫，不需要中间宿主，羊因摄入幼虫而发病；粪便多黏液，有时含血；剖检可见小肠、大肠有结节，有的含脓，有的钙化，肠内有虫体
羊仰口线虫病	二者均表现消瘦，贫血，下痢，颌下水肿	羊仰口线虫病的病原为仰口线虫，羊因摄入幼虫或由皮肤钻入体内而发病；顽固性下痢，粪呈黑色，后躯软弱、麻痹；剖检可见皮下浆液浸润，肝脏呈浅灰色，肾脏呈棕黄色，十二指肠、空肠有大量虫体和褐色或血色液体
羊泰勒焦虫病	二者均表现消瘦，贫血，黄疸，下痢	羊泰勒焦虫病的病原为泰勒焦虫，由蜱传播；病羊体温升高（40~42℃），便秘或下痢，呼吸粗厉、困难，肢体僵硬，行走困难；剖检可见肾脏呈黄褐色、表面有浅黄色或灰白色结节，淋巴结、肝脏、脾脏涂片姬氏染色、镜检可见石榴体，血涂片检查可见虫体

预防措施

（1）**定期驱虫** 最好在每年的秋后和冬季驱虫，以防虫卵污染牧地。在同一牧地上放牧的所有患畜都要同时驱虫，坚持 2~3 年后可达到净化草场的目的。并要注意加强粪便管理，进行生物热发酵，以杀死虫卵。

（2）**消灭中间宿主，灭螺灭蚁** 因地制宜，结合开荒种草，采取消灭灌木丛或烧荒等措施消灭中间宿主。

（3）**加强饲养管理** 尽量不要在低洼潮湿的牧地放牧，以减少感染的机会。

治疗方法

（1）**吡喹酮** 按每千克体重 50~70 毫克，口服。油剂腹腔注射，剂量为每千克体重 50 毫克。

（2）**阿苯达唑** 剂量为每千克体重 30~40 毫克，可配成 50% 的悬混液，经口灌服或混与少量饲料做成丸剂口服，有良效。

四、羊阔盘吸虫病

阔盘吸虫病是由阔盘吸虫寄生于羊、牛等反刍动物的胰脏、胰管内，引起营养障碍和贫血为主的吸虫病，也可寄生于人，是一种人兽共患寄生虫病。

虫体及生活史　在我国寄生于家畜形成大流行的有胰阔盘吸虫（图 4-14）、腔阔盘吸虫和枝睾阔盘吸虫 3 种。其中胰阔盘吸虫分布最广，危害也较大。3 种阔盘吸虫均为小型吸虫，虫体活时呈棕红色，固定后为灰白色，长椭圆形，扁平较厚、稍透明，表皮有细刺，但到成虫时细刺常已脱落，吸盘发达。

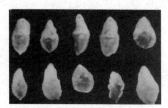

图 4-14　胰阔盘吸虫成虫

胰阔盘吸虫的发育需要两个中间宿主，第一中间宿主为陆地螺，第二中间宿主为中华草螽和针蟀。虫体在动物胰腺或胰管内产卵，随胰液一起进入消化道，并随动物的粪便排出体外。被第一中间宿主陆地螺吞食后，在其体内孵出毛蚴，进而发育成母胞蚴、子胞蚴和尾蚴。在发育形成尾蚴的过程中，子胞蚴向陆地螺的气管内移行，并从陆地螺的气孔排出，附在草上，形成圆形囊，内含尾蚴，即子胞蚴黏团。第二中间宿主吞食了含有大量尾蚴的子胞蚴黏团后，子胞蚴在其体内经 23~30 天的发育，尾蚴即从子胞蚴中钻出发育为囊蚴。羊在牧地上吞食了含有成熟囊蚴的第二中间宿主而遭感染，移行到胰脏，发育为成虫。其整个发育过程共需 9~16 个月。

临床症状　阔盘吸虫大量寄生时，由于虫体刺激和毒素作用，使胰管发生慢性增生性炎症，胰管的管腔变窄小甚至闭塞，胰消化酶的产生和分泌及糖代谢功能失调，引起消化及营养障碍。病羊消化不良，消瘦，贫血，颌下及胸前水肿，衰弱，经常腹泻，粪中常有黏液，严重时可引起死亡。

病理变化　尸体消瘦，胰腺肿大，胰管因高度扩张呈黑色蚯蚓状凸出于胰脏表面（图 4-15）。胰管发炎肥厚，管腔黏膜不平，呈乳头状小结节凸起，并有点状出血，内含大量虫体（图 4-16）。慢性感染因结缔组织增生而导致整个胰脏硬变、萎缩，胰管内有数量不等的虫体寄生。

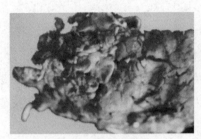
图4-15 阔盘吸虫寄生的胰脏病变

图4-16 胰脏内胰管壁增厚,有棕红色叶状虫体

类症鉴别

病名	与羊阔盘吸虫病的相似点	与羊阔盘吸虫病的不同点
羊肝片形吸虫病	二者均表现消瘦,贫血,水肿	羊肝片形吸虫病的病原为肝片形吸虫,羊多因吃水生植物而发病;慢性下痢与便秘交替发生;剖检胆管有虫体
羊双腔吸虫病	二者均表现消瘦,贫血,水肿,下痢	羊双腔吸虫病的病原为双腔吸虫,第二中间宿主为蚂蚁;病羊出现黄疸;剖检时将肝脏在水中撕碎、连续洗涤可见虫体
羊莫尼茨绦虫病	二者均表现消瘦,贫血,水肿,下痢	羊莫尼茨绦虫病的病原为莫尼茨绦虫,羊因吃了含有似囊尾蚴的地螨(中间宿主)而发病;可出现神经症状,粪检可见孕卵节片;剖检可见小肠内有虫体
羊食道口线虫病	二者均表现消瘦,贫血,下痢,水肿	羊食道口线虫病的病原为食道口线虫,没有中间宿主,直接经幼虫感染;病羊持续腹泻,粪多黏液、有时带血;剖检可见小肠、大肠有结节(有的有脓汁,有的钙化);肠内有虫体
羊仰口线虫病	二者均表现消瘦,贫血,下痢,水肿	羊仰口线虫病的病原为仰口线虫,不需要中间宿主,直接摄入幼虫或幼虫经皮肤进入体内而发病;病羊顽固性下痢,粪呈黑色,后躯软弱、麻痹;剖检可见皮下浆液浸润,肝脏呈浅灰色,肾脏呈棕黄色,心包、胸腹腔积液,十二指肠、空肠有虫体和褐色或血色液体

预防措施

1)在本病流行地区,应在每年初冬和早春各进行1次预防性驱虫。

2)有条件的地区可实行划区放牧,以避免感染。

3)应注意消灭其第一中间宿主陆地螺(其第二中间宿主草螽在牧场广泛存在,扑灭甚为困难);同时加强饲养管理,以增加羊的抗病能力。

治疗方法

吡喹酮,口服时,按每千克体重65~80毫克;肌内注射或腹腔注射时,按每千克体重50毫克,并以液状石蜡或植物油(灭菌)制成20%油剂。腹腔注射时应防止注入肝脏或肾脂肪囊内。

五、羊脑多头蚴病

羊脑多头蚴病又称羊脑包虫病，是由脑多头蚴寄生所引起的一种寄生虫病。脑多头蚴寄生在绵羊、山羊的脑、脊髓内，可引起脑炎、脑膜炎及一系列神经症状，甚至死亡。脑多头蚴还可危害黄牛、牦牛、猪、马甚至人类。成虫则寄生于犬、狼、狐、豺等肉食兽的小肠。本病散布于全国各地，并多见于犬活动频繁的地区。

虫体及生活史

脑多头蚴为多头绦虫的中绦期，为乳白色半透明囊泡（图4-17），圆形或卵圆形，大小取决于寄生部位、发育的程度及动物种类。直径约5厘米或更大。囊壁由两层膜组成，外膜为角质层，内膜为生发层，其上有100~250个原头蚴，头节具有4个圆形吸盘，囊内充满透明液体。

成虫寄生于犬、狼等终末宿主的小肠内，脱落的孕节随粪便排出体外，虫卵逸出污染饲料或饮水。牛、羊等中间宿主因吞食虫卵而感染，六钩蚴钻入肠壁血管，随血流到达脑和脊髓中，幼虫生长缓慢，2~3个月发育为具有感染性的脑多头蚴。被血流带到其他部位的六钩蚴，不能继续发育而迅速死亡。犬、狼等食肉动物吞食含脑多头蚴的脑、脊髓而感染。原头蚴吸附于肠壁上而发育为成虫，在犬体内正常发育期为41~73天（图4-18）。

临床症状

本病可分为急性型和慢性型，症状取决于寄生部位和病原体的大小。

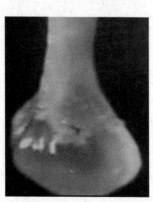

图4-17 脑多头蚴

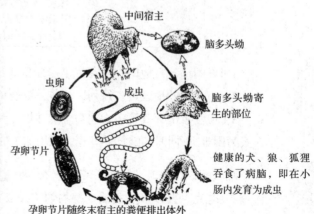

图4-18 脑多头蚴生活史

（1）**急性型** 以羔羊表现最为明显，感染之初，由于六钩蚴进入脑组织，虫体在脑膜和脑组织中移行，刺激和损伤造成脑部炎症，使体温升高，脉搏、呼吸加快，甚至有强烈的兴奋，病羊做回旋运动，前冲或后退，仰头行走（图4-19），有痉挛性抽搐等。有时沉郁，长时间躺卧，脱离羊群。部分病羊在5~7天内因急性脑膜炎死亡，不死者则转为慢性型。

（2）**慢性型** 病羊耐过急性期后，症状表现逐渐消失，经2~6个月的和缓期，由于脑多头蚴不断发育长大，再次出现明显症状。当脑多头蚴寄生在羊大脑某半球时，除向被虫体压迫的同侧做转圈运动外，还常造成对侧的视力障碍，甚至失明。虫体寄生在大脑正前部时，常见羊头下垂向前做直线运动，碰到障碍物时则头抵物体呆立不动。脑多头蚴在大脑后部寄生时，主要表现为头高举或做后退运动，甚至倒地不起，并常有强直性痉挛出现。虫体寄生在小脑时，病羊站立或运动常失去平衡，身体共济失调，易跌倒，对外界干扰和音响易惊恐。脑多头蚴寄生在脊髓时，表现步伐不稳，进而引起后肢麻痹；当膀胱括约肌发生麻痹时，则出现尿失禁。此外，病羊还表现食欲减退，甚至消失。由于不能正常采食和休息，体重逐渐减轻，显著消瘦、衰弱，常在数次发作后陷于恶病质时死亡。

病理变化

急性死亡的羊见有脑膜炎和脑炎病变，还可见到六钩蚴在脑膜中移行时留下的弯曲伤痕。慢性期的病例则可在脑或脊髓的不同部位发现1个或数个大小不等的囊状脑多头蚴（图4-20）；在病变或虫体相接的颅骨处，骨质松软、变薄，甚至穿孔，致使皮肤向表面隆起。病灶周围脑组织发炎，有时可见萎缩变性或钙化的脑多头蚴。

图4-19 脑多头蚴病羊做回旋运动，仰头行走

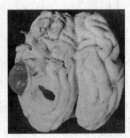

图4-20 脑多头蚴寄生在一侧大脑半球

病名	与羊脑多头蚴病的相似点	与羊脑多头蚴病的不同点
羊弓形虫病	二者均表现转圈运动，体温稍升高，卧地不起	羊弓形虫病的病原为弓形虫；病羊肺有啰音，呼吸困难，肌肉僵硬，行走困难，同时妊娠羊流产；荧光染色可检出弓形虫
羊脑膜脑炎	二者均表现兴奋时前冲后退，转圈，头向上仰	羊脑膜脑炎病例有脑膜炎，无传染性，体温升高，脑部敏感，咩叫；剖检可见脑膜、脑实质有炎症，脑脊液增多
羊脑软化症	二者均表现转圈，视力障碍	羊脑软化症病例无脑多头蚴寄生，卧时有角弓反张，四肢做游泳动作或肌肉不随意收缩；剖检可见脑有软化坏死灶

**预防
措施**

　　1）目前，大多数养羊户和基层兽医不了解脑多头蚴的生活史，是造成本病广泛流行和发病率持续增高的主要原因。通过广泛的宣传，使养羊户了解本病的生活史，知道本病是羊犬之间互相传播的疾病，而且本病具有晚期治疗困难、死亡率高等特点，使他们对本病引起足够的重视。

　　2）实施羊只定点屠宰，羊头无害化处理，犬定期驱虫并拴养，防止犬吃到含脑多头蚴牛、羊等动物的脑及脊髓，减少犬与羊接触机会，切断本病的传播途径。

六、羊棘球蚴病

　　棘球蚴病也称包虫病，是由细粒棘球绦虫的幼虫——棘球蚴寄生于绵羊、山羊、牛、马、猪、骆驼及人的肝脏、肺等脏器组织中所引起的一种人兽共患寄生虫病。成虫以肉食兽为终末宿主，寄生于犬、狼、豺、狐、狮、虎、豹等动物的小肠内。本病在我国分布较广，严重威胁着人类的生命安全，同时给畜牧业发展造成严重的危害。

**虫体及
生活史**

　　棘球蚴是细粒棘球绦虫中绦期，为一独立包囊状构造，内含液体，形状不一，形状常因寄生部位不同而有变化，一般为球形，大小常从豌豆大到人头大。囊壁由3层构成，外层为较厚的角质层，较坚实，呈灰白色，不透明，有吸收营养保持囊液和保护胚层的功能；中层是肌肉层，含有肌纤维；内层很薄，称为生发层。在生发层上可长出生发囊，在生发囊内壁上又可长出数量不等的原头蚴，有些生发囊脱离生发层，或有些头节脱离生发囊，游离在囊液中称为"棘球砂"。在囊壁的生发囊上还可生长出第一代包囊称作子囊。子囊可向母囊（即原有囊包）腔中生长称"内生性子囊"，也可向母囊腔外生长称"外生性子囊"。在子囊的生发层上还可长出孙囊，子囊和孙囊具有和母囊相同的构造，在它们的生发层上长出生发囊，并形成头节。这样，在一个棘球蚴囊内包含着很多子囊和孙囊。

犬、狼和狐等肉食兽为其终末宿主，成虫寄生在其小肠中，细粒棘球绦虫的孕卵节片随粪便排出体外，节片破裂，虫卵逸出，污染草、饲料和饮水，牛、羊等中间宿主吞食虫卵后而感染。在消化道的六钩蚴钻入肠壁经血流或淋巴散布到体内各处，以肝脏、肺最多。经 6~12 个月生长成具有感染性的棘球蚴，它的生长可持续数年。犬等终末宿主食用此种肝脏或肺等而感染，棘球蚴在肠内经 2.5~3 个月发育为成虫，在犬体内寿命为 5~6 个月（图 4-21）。一条犬的小肠内有时可寄生数百条，甚至数千条绦虫。人可因食入虫卵而感染。

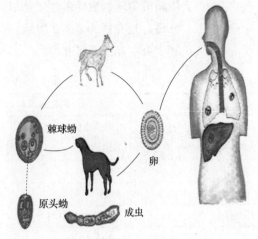

图 4-21　棘球蚴生活史

临床
症状

轻度感染和感染初期通常无明显症状。严重感染的羊被毛逆立，时常脱毛，营养不良，消瘦。肺部感染时有明显的咳嗽，咳后往往卧地，不愿起立。

病理
变化

病变主要见于虫体经常寄生的肝脏和肺。可见肝脏、肺表面凹凸不平，重量增大，有数量不等的棘球蚴囊泡凸起（图 4-22），肝脏、肺实质中存在有数量不等、大小不一的棘球蚴包囊（图 4-23），囊内含有大量液体，除不育囊外，囊液沉淀后，即可见大量

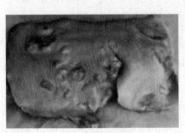

图 4-22　病羊肝脏表面的棘球蚴

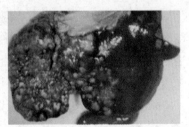

图 4-23　病羊肝脏实质的棘球蚴

的棘球砂。有时棘球蚴发生钙化和化脓。此外，在脾脏、肾脏、脑、脊椎管、肌肉及皮下偶见有棘球蚴寄生。

类症鉴别

棘球蚴寄生少时不显症状，毛逆立、易脱落，侵入肝脏时右腹膨大、常臌气。侵入肺时咳嗽，叩诊有半浊音，听诊肺泡音弱。剖检可见肝脏凹凸不平，可找到棘球蚴。用新鲜棘球蚴囊液通过无菌过滤，在颈部皮内注入0.1~0.2毫升，15分钟后皮肤出现红斑，且直径为0.5~2厘米并有肿胀或水肿者为阳性，准确率为70%。3种绦虫蚴及其成虫主要区别见表4-1。

表4-1 3种绦虫蚴及其成虫主要区别

区别点	多头蚴	棘球蚴	细颈囊尾蚴
成虫名称	多头绦虫	细粒棘球绦虫	泡带绦虫
成虫长度/厘米	40~100	2~8	75~200
头节吸盘数	4个	4个	4个
钩	22~32个	30~36个	20~44个
生殖孔	体侧面交替排列	体节中间靠后	体侧面交替排列
虫卵大小/微米×微米	29×37	33×33	（38~39）×（34~35）
中间宿主寄生部位	多种哺乳动物的小脑及骨髓	多种哺乳动物和人的肝脏、脾脏、肺等脏器	羊、猪、牛的肠系膜、网膜及肝脏
终末宿主寄生部位	犬、狼、狐狸等的小肠	犬、狼、狐狸等的小肠	犬的小肠
蚴虫头节数目	109~250个	很多	1个

预防措施

1）对犬进行定期驱虫，常用药物：氢溴酸槟榔碱，按每千克体重1毫克的剂量，绝食12~13小时后服用；吡喹酮，按每千克体重5~10毫克剂量；盐酸丁奈咪片，按每千克体重25~50毫克剂量，绝食3~4小时后投药。驱虫后特别应注意犬粪的无害化处理，或深埋或焚烧，防止病原的扩散，同时要捕杀野犬。

2）在本病流行区内对羊等中间宿主要定期检疫，检出棘球蚴病畜可用药进行治疗。对于屠宰的牲畜，要严格遵守检疫制度，发现棘球蚴应销毁，病畜的脏器不得随意喂犬，以免造成本病的传播。

3）加强饲养管理，经常保持畜舍、饲草、饲料和饮水卫生，防止犬粪的污染。同时应注意个人防护。

治疗方法

（1）**阿苯达唑** 按每千克体重 90 毫克，连服 2 次。

（2）**吡喹酮** 疗效好且无副作用，剂量为每千克体重 25~30 毫克，连用 5 次（总剂量为 125~150 毫克）。

七、羊细颈囊尾蚴病

羊细颈囊尾蚴病是由泡状带绦虫的幼虫——细颈囊尾蚴寄生于绵羊、山羊、黄牛、猪等多种家畜的肝脏浆膜、网膜及肠系膜所引起的一种寄生虫病。细颈囊尾蚴主要引起家畜尤其是羔羊、仔猪和犊牛的生长发育受阻，体重减轻，当大量感染时可因肝脏严重受损而导致死亡。其成虫则寄生于犬、狼、狐等肉食动物的小肠内。

虫体及生活史

细颈囊尾蚴呈囊泡状，俗称水铃铛（图 4-24），大小不等，豌豆大至鸡蛋大，也有更大的。囊壁薄，呈乳白色，内含透明液体，肉眼可见囊壁上有一个向内生长具有细长颈部的头节。细颈囊尾蚴有时呈单个寄生，但往往有大小不等的几个或十几个寄生于同一脏器上。

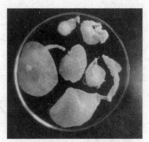

图 4-24 离体细颈囊尾蚴的形态，有的头节已翻出

泡状带绦虫寄生在犬及其他野生食肉兽小肠内，随粪便排出孕卵节片、虫卵，污染草地、饲料和饮水，蝇类在粪便上活动时也可将虫卵黏附在身上，当它飞到食物、饲料上时，虫卵被粘到上面，如果人、猪、羊等中间宿主吞食被虫卵污染的食物或饲料即被感染。虫卵的胚膜被消化液溶解，六钩蚴逸出，借助小钩钻入肠壁随血流至肝脏，进入肝脏实质，或移行至肝脏的表面，发育成囊尾蚴。有些虫体从肝脏表面落入腹腔而附着于网膜或肠系膜上，经 7~8 周发育成具有感染性的细颈囊尾蚴。当屠宰病畜时，摘除细颈囊尾蚴，丢弃在地，犬类等因吞食含有细颈囊尾蚴的脏器而感染，进入小肠后头节伸出，附着于肠壁，逐渐发育为泡状带绦虫，潜伏期为 50 天左右，在犬体内泡状带绦虫可存活 1 年左右。

临床症状

通常成年羊症状表现不明显，羔羊症状明显。当肝脏及腹膜在六钩蚴的作用下发生炎症时，可出现体温升高，精神沉郁，腹水增加，腹壁有压痛，甚至发生死亡。经过上述急性发作后则转为慢性病程，一般表现为消瘦、衰弱和黄疸等症状。

病理变化　慢性病例可见肝脏包膜、肠系膜、网膜上具有数量不等、大小不一的虫体泡囊（图 4-25），严重时还可在肺和胸腔处发现虫体。急性病程时，可见急性肝炎及腹膜炎，肝脏肿大、表面有出血点，肝脏实质中有虫体移行的虫道（图 4-26），有时出现腹水并混有渗出的血液，病变部有尚在移行发育中的幼虫（图 4-27、图 4-28）。

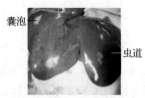
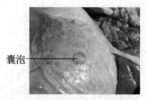
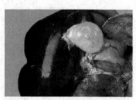

图 4-25　离体内脏诸膜上寄生的细颈囊尾蚴

图 4-26　肝脏表面有细颈囊尾蚴寄生的囊泡，表面有虫体移行的虫道

图 4-27　悬挂在羊肉膜上的囊泡状细颈囊尾蚴，囊泡中的液体变得混浊

图 4-28　病羊肝脏表面生长的虫体附着在肠系膜上，像透明的塑料袋

类症鉴别　细颈囊尾蚴、多球蚴、棘球蚴及其成虫主要区别见表 4-1。

预防措施

1）对犬进行定期驱虫，防止犬散布病原，禁止犬进入羊舍，避免饲料、饮水被犬粪污染。

2）严禁犬类进入屠宰场，有细颈囊尾蚴的废弃内脏必须煮熟后方可喂犬。

3）苍蝇在本病虫卵传播中起着重要作用，应采取可行方法灭蝇。

治疗方法　犬驱虫方法和药物与细粒棘球绦虫一致，对细颈囊尾蚴病的治疗，可采用吡喹酮，羊按每千克体重 50 毫克剂量，口服，有一定疗效；或硫双二氯酚，按每千克体重 100 毫克喂服。

八、反刍兽绦虫病

反刍兽绦虫病是由莫尼茨绦虫、曲子宫绦虫及无卵黄腺绦虫寄生于绵羊、山羊和牛的小肠所引起的一种寄生虫病。其中莫尼茨绦虫危害最为严重，特别是羔羊、犊牛感染时，不仅影响生长发育，甚至可引起死亡。3 种绦虫既可单独感染，也可混合感染。本病在全国广泛分布，但在东北、华北和西北牧区流行更为普遍。

反刍兽绦虫病的病原为莫尼茨绦虫（图4-29）、曲子宫绦虫及无卵黄腺绦虫3种。莫尼茨绦虫的虫体呈带状。由头节、颈节及链体部组成，全长可达6米，最宽处16~26毫米，呈乳白色。头节上有4个近似椭圆形的吸盘，无顶突和小钩。节片短而宽，后部的孕卵节片长宽几乎相等而呈方形。成熟节片具有2组生殖器官，在两侧对称分布，即卵巢和卵黄腺围绕着卵膜构成圆环状，位于节片的两侧。

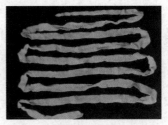

图4-29　经固定的莫尼茨绦虫标本

曲子宫绦虫的虫体可长达2米，宽约12毫米。每个节片有1组生殖器官，偶然也见2组。排列成环状的卵巢、卵黄腺和卵膜靠近生殖孔一侧。

无卵黄腺绦虫是反刍兽绦虫中较小的一类，虫体长1.5~2米，宽仅为3毫米左右。节片短，眼观分节不明显。每个节片有1组生殖器官，生殖孔也不规则地交替开口于节片边缘，无卵黄腺，卵巢位于生殖孔一侧，睾丸分布在纵排泄管的内外两侧，子宫在节片的中央。

莫尼茨绦虫和曲子宫绦虫的中间宿主均为地螨，而无卵黄腺绦虫的生活史尚不完全清楚，现仅确认弹尾目的长角跳虫为其中间宿主。寄生于羊、牛小肠的绦虫成虫，其孕卵节片和虫卵随粪便排出后，如被中间宿主吞食，则虫卵内的六钩蚴在中间宿主体内发育为似囊尾蚴。当终末宿主羊、牛等反刍动物在采食时连同牧草一起吞食了含有似囊尾蚴的中间宿主后，似囊尾蚴在反刍动物消化道内逸出，附着在肠壁上逐渐发育为成虫。

病羊症状表现的轻重通常与感染虫体的强度及羊的体质、年龄等因素密切相关。一般可表现为食欲减退，出现贫血与水肿。羔羊腹泻时，粪中混有虫体节片，有时还可见虫体的一段吊在肛门处。被毛粗乱无光，喜躺卧，起立困难，体重迅速减轻。若虫体阻塞肠管时，则出现肠臌胀和腹痛表现，甚至因肠破裂而死亡。有时病羊也可出现转圈、肌肉痉挛或后仰等神经症状。后期，病羊仰头倒地，经常做咀嚼动作，口周围有泡沫，对外界反应几乎丧失，直至全身衰竭而死。

病理
变化

剖检死羊可在小肠中发现数量不等的虫体（图 4-30）；其寄生处有卡他性炎症，有时可见肠壁扩张，肠套叠乃至肠破裂。肠系膜、肠黏膜、肾脏、脾脏甚至肝脏发生增生性变性过程。肠黏膜、心内膜和心包膜有明显的出血点。脑内可见出血性浸润和出血。腹腔和颅腔贮有渗出液。

图 4-30　病羊小肠内寄生的绦虫

类症
鉴别

病名	与反刍兽绦虫病的相似点	与反刍兽绦虫病的不同点
羊肝片形吸虫病	二者均表现消瘦，贫血，下痢	羊肝片形吸虫病的病原为肝片形吸虫，羊因吃有感染性幼虫的水草而发病；眼睑、颌下、胸腹下水肿，粪检可见虫卵呈深黄色、无孕卵节片；剖检可见胆管有虫体
羊阔盘吸虫病	二者均表现消瘦，贫血，下痢	羊阔盘吸虫病的病原为阔盘吸虫，羊因吃含有囊蚴的螨斯而发病；颌下、胸腹下部水肿，粪无孕卵节片；剖检可见胰管有虫体
羊双腔吸虫病	二者均表现消瘦，贫血，下痢	羊双腔吸虫病的病原为双腔吸虫，羊因吞入含尾蚴的蚂蚁而发病；黄疸，颌下水肿，粪检无孕卵节片；将肝脏在水中撕碎并连续洗涤可见虫体
羊东毕吸虫病	二者均表现消瘦，贫血	羊东毕吸虫病的病原为东毕吸虫，主要由皮肤侵入；病羊黄疸，水肿，母羊不孕，妊娠羊流产，粪检找虫卵困难且无孕卵节片；剖检可见肠系膜胶冻样浸润，肝脏有坏死结节，肠系膜静脉有虫体
羊捻转血矛线虫病	二者均表现消瘦，贫血，下痢	羊捻转血矛线虫病的病原为捻转血矛线虫，羊因吃含有幼虫的草而发病；颌下、腹下水肿（肥羔急性突然死亡），粪检无孕卵节片；剖检可见皱胃有扭成麻花状的红色虫体
羊食道口线虫病	二者均表现消瘦，贫血，下痢	羊食道口线虫病的病原为食道口线虫，羊因吃了含有幼虫的草而发病；剖检可见肠壁有结节（有的有脓汁，有的钙化），肠内有虫体
羊仰口线虫病	二者均表现消瘦，贫血，下痢	羊仰口线虫病的病原为仰口线虫；病羊颌下水肿，顽固性下痢，粪呈黑色，后躯软弱、麻痹，粪检无孕卵节片；剖检可见肝脏呈浅灰色，肾脏呈棕黄色，心包、胸腹腔有浆液，十二指肠、空肠有大量虫体，肠内容物呈褐色或血色液体

在虫体成熟前，即羊放牧后 30 天内进行第 1 次驱虫，再经 10~15 天后进行第 2 次驱虫，此法不仅可驱除寄生的绦虫，还可防止牧场或外界环境遭受病原污染。有条件的地区可实行科学轮牧。尽可能避免雨后、清晨和黄昏放牧，以减少羊吃入中间宿主——地螨的机会。结合牧场改良，进行深耕，种植优良牧草或农牧轮作，不仅能大量减少地螨，还可提高牧草质量。

（1）**阿苯达唑**　按每千克体重 5~20 毫克，配成 1% 的水悬液，口服。
（2）**氯硝柳胺**　按每千克体重 100 毫克，配成 10% 的水悬液，口服。
（3）**硫双二氯酚**　按每千克体重 75~100 毫克，包在菜叶里口服，也可灌服。

九、羊肺线虫病

羊肺线虫病是由网尾科和原圆科的线虫寄生在气管、支气管、细支气管乃至肺实质所引起的寄生虫病。其临床特征主要为支气管炎和肺炎。其中，网尾科线虫较大，为大型肺线虫，致病力强，在春、秋季节常呈地方性流行，可造成羊群尤其是羔羊大批死亡。原圆科线虫较小，为小型肺线虫，危害相对较轻。肺线虫病在我国分布广泛，是羊常见的蠕虫病之一。

大型肺线虫是危害羊的主要寄生虫。该虫是大型白色虫体，肠管呈黑色穿行于体内，口囊小而浅。雄虫长 30~80 毫米；交合伞的中侧肋和后侧肋合并，仅末端分开；1 对交合刺粗短，为多孔状结构，黄褐色，呈靴状。雌虫长 50~112 毫米，阴门位于虫体中部附近（图 4-31）。

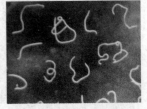

图 4-31　大型肺线虫的形态

小型肺线虫种类繁多，其中缪勒属和原圆属线虫分布最广，危害也较大。该类线虫的虫体纤细，长 12~28 毫米，多见于细支气管和肺泡内，口由 3 个小唇片组成，食管为长柱形，后部稍膨大；交合伞背肋发达。

大型肺线虫与小型肺线虫的发育过程有所不同，即网尾线虫发育过程无中间宿主参加，属土源性发育，小型肺线虫在发育时需要中间宿主参加，属生物源性发育。各种肺线虫的虫卵在呼吸道产出后，上行至咽部，利用宿主咳嗽时，经咽部进入消化道，在此过程中孵化出第 1 期幼虫，这期幼虫又随粪便排出体外。大型肺线虫的第 1 期幼虫在外界适宜条件下，约经1周发育为感染性幼虫；小型肺线虫的第1期幼虫则需钻入中间宿主多种陆地螺或蛞蝓体内发育为感染性幼虫。存在于外界草场、饲料或饮水中和中间宿主体内的大、小型肺线虫的感染性幼虫被终末宿主羊吞食后，幼虫进入羊的肠系膜淋巴结，经淋巴液循环到达右心，又随血流到达肺，虫体在此过程中经第4、第5两期幼虫的发育，最终在肺部各自的寄生部位发育为成虫。

临床症状

羊群遭受感染时，首先个别羊干咳，继而成群咳嗽，运动时和夜间咳嗽更为显著，此时呼吸声明显粗重，如拉风箱的声音。在频繁而痛苦的咳嗽中，常咳出含有成虫、幼虫及虫卵的黏液团块。咳嗽时伴发啰音和呼吸急促，鼻孔中排出黏稠分泌物，干涸后形成鼻痂，从而使呼吸更加困难。病羊常打喷嚏，逐渐消瘦、贫血，头、胸及四肢水肿，被毛粗乱。通常羔羊发病症状严重，病死率也高；成年羊感染或羔羊轻度感染时，症状表现较轻。单独感染小型肺线虫时，病情比较轻缓，只是在病情加剧或接近死亡时，才明显表现出呼吸困难，出现干咳或暴发性咳嗽。

病理变化

病变主要发生在肺部，可见有不同程度的肺膨胀不全和肺气肿（图4-32），肺表面隆起，呈灰白色，触摸时有坚硬感；支气管中有黏液性或脓性混有血丝的分泌团块；气管、支气管及细支气管内可发现数量不等的大、小肺线虫（图4-33、图4-34）。

 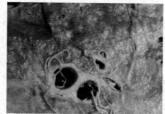 

图4-32　病羊肺气肿　　　　图4-33　病羊支气管内寄生肺线虫　　图4-34　病羊气管内寄生肺线虫

类症鉴别

病名	与羊肺线虫病的相似点	与羊肺线虫病的不同点
羊支原体性肺炎	二者均表现咳嗽，呼吸急促，流黏性鼻液	羊支原体性肺炎的病原为衣原体，传播迅速；急性病例流锈色鼻液，按压胸壁疼痛，眼睑肿、有脓性眵，体温升高（40℃以上）；剖检可见胸膜粗糙、有纤维素，胸腔积液暴露空气后凝结；心血涂片镜检可见支原体

病名	与羊肺线虫病的相似点	与羊肺线虫病的不同点
羊肺腺瘤病	二者均表现咳嗽，呼吸困难，流鼻液，消瘦	羊肺腺瘤病的病原为羊肺腺瘤病病毒；病羊低头时流大量鼻液（肺水肿）；剖检可见肺有灰白色小结节，切开流水；琼脂扩散试验可验证病毒
羊巴氏杆菌病	二者均表现呼吸急促、困难，咳嗽，流鼻液，胸部水肿	羊巴氏杆菌病的病原为巴氏杆菌；病羊体温高达41~42℃，眼潮红、有黏性眵，初便秘后腹泻，粪中有黏液、血液；剖检可见皮下有液体浸润，肺瘀血、有坏死灶；病变渗出物涂片镜检可见两极着色的卵圆形杆菌
羊类鼻疽病	二者均表现呼吸困难，咳嗽，消瘦	羊类鼻疽病的病原为类鼻疽杆菌；病羊体温升高，有时跛行，侵害腰椎时，后躯麻痹，犬坐，公羊睾丸、母羊乳房也有结节；剖检可侵害部位有坏死灶；用抗类鼻疽单克隆抗体做酶联免疫吸附试验可鉴定
羊支气管炎	二者均表现咳嗽，呼吸急促并显痛，支气管黏膜肿胀、充血	羊支气管炎病例无传染性，听诊有干性、湿性啰音，早晚羊咳嗽多，一般体温略高，不显消瘦和贫血
羊支气管肺炎	二者均表现呼吸急促，咳嗽，流黏性鼻液	羊支气管肺炎病例无传染性，咳嗽先干而短且痛，继之湿而长，痛苦缓解，肺音粗厉；剖检可见1个或几个肺小叶暗红，捏压有浆性液体流出，病变周围有气肿
羊蝇蛆病	二者均表现打喷嚏，咳嗽，流稠鼻液，鼻周有干痂	羊蝇蛆病的病原为羊蝇蛆，鼻端常在地上摩擦，鼻腔可见幼虫

预防措施

1）在本病流行区内，每年应对羊群进行1~2次普遍驱虫，并及时对病羊进行治疗。

2）驱虫、治疗期应注意收集粪便进行生物热处理。

3）羔羊与成年羊应分群放牧，并饮用流动水或井水。

4）有条件的地区可实行轮牧，避免在低洼潮湿沼泽地区放牧。

5）冬季羊群应予适当补饲。对小型肺线虫病，应注意消灭其中间宿主。

治疗方法

（1）**阿苯达唑**　按每千克体重5~15毫克，口服，对各种肺线虫均有良效。

（2）**苯硫咪唑**　按每千克体重5毫克，口服。

（3）**左旋咪唑**　按每千克体重7.5~12毫克，口服。

（4）枸橼酸乙胺嗪（海群生） 按每千克体重100~200毫克，口服。该药适合对感染早期童虫的治疗。

（5）阿维菌素或伊维菌素 按每千克体重0.2毫克，口服或皮下注射。

十、羊消化道线虫病

羊消化道线虫病是多种消化道线虫所引起的寄生虫病。有时是单一线虫感染，但往往是多种线虫混合感染，其中以捻转血矛线虫危害最为严重。

虫体及生活史 消化道线虫种类很多，主要寄生于反刍兽的皱胃和小肠，有血矛属、长刺属、奥斯特属、马歇尔属、古柏属、毛圆属、细颈属、仰口属和食道口属的多种线虫，它们在反刍兽体内多为混合寄生（图4-35）。

各种线虫生活史大致相同，都属直接发育的土源性线虫。虫卵随粪便排出体外，在适宜条件下，经2次蜕皮发育为感染性幼虫（第2期幼虫），外有囊鞘。羊在吃草和饮水时食入第2期幼虫，幼虫脱鞘，经过2次蜕皮变为成虫。

临床症状 病羊感染各种消化道线虫的主要症状表现为消化紊乱，胃肠道发炎，腹泻，消瘦，眼结膜苍白，贫血（图4-36）。严重病例颌下间隙水肿，羊体发育受阻。少数病例体温升高，呼吸、脉搏频数、心音减弱，最终病羊可因身体极度衰竭而死亡。

病理变化 剖检可见消化道各部位有数量不等的相应线虫寄生（图4-37）。尸体消瘦，贫血，内脏显著苍白，胸、腹腔内有浅黄色渗出液，大网膜、肠系膜胶冻样浸润，肝

图4-35 捻转血矛线虫

图4-36 病羊贫血、消瘦、腹泻

图4-37 病羊皱胃黏膜表面可见虫体

脏、脾脏出现不同程度的萎缩、变性，皱胃黏膜水肿，有时可见虫咬的痕迹和针尖大到粟粒大的小结节，小肠和盲肠黏膜有卡他性炎症（图4-38），大肠可见到黄色小点状的结节或化脓性结节，以及肠壁上遗留下的一些瘢痕性斑点。当大肠上的虫卵结节向腹膜面破溃时，可引发腹膜炎和泛发性粘连；向肠腔内破溃时，则可引起溃疡性和化脓性肠炎。

图4-38 病羊小肠出现卡他性炎症

类症鉴别

病名	与羊消化道线虫病的相似点	与羊消化道线虫病的不同点
羊肝片形吸虫病	二者均表现结膜苍白，消瘦，贫血，下痢与便秘交替发生，颌下、腹下水肿	羊肝片形吸虫病的病原为肝片形吸虫，吃了含囊蚴的水草而发病；剖检可见胆管有虫体
羊双腔吸虫病	二者均表现消瘦，贫血，颌下水肿	羊双腔吸虫病的病原为双腔吸虫，羊因吃了有尾蚴的蚂蚁而发病；黏膜黄染，将肝脏在水中撕碎、连续洗涤可见虫体
羊东毕吸虫病	二者均表现结膜苍白，消瘦，贫血，下痢与便秘交替发生，颌下、腹下水肿	羊东毕吸虫病的病原为东毕吸虫；病羊有黄疸，母羊不孕，妊娠羊流产；剖检可见肠系膜、大网膜胶冻样浸润，肝脏有坏死结节，变态反应可帮助诊断
羊莫尼茨绦虫病	二者均表现消瘦，贫血，下痢	羊莫尼茨绦虫病的病原为莫尼茨绦虫，羊因吃了地螨而感染；有神经症状，粪中有孕卵节片；剖检可见小肠有虫体

预防措施

1）在晚秋转入舍饲后和春季放牧前各进行1次计划性驱虫，因地区不同，选择驱虫的时间和次数可根据具体情况酌定。

2）羊应饮用干净的流动水或井水，尽可能避免吃露水草和在低洼潮湿的地方放牧，以减少感染机会。

3）粪便应进行堆积发酵，以杀死虫卵。

4）加强饲养管理，提高羊的抗病能力。

治疗方法

（1）**阿苯达唑** 按每千克体重5~20毫克，口服。

（2）**左旋咪唑** 按每千克体重5~10毫克，混饲喂给或皮下、肌内注射。

（3）**噻苯达唑** 按每千克体重50毫克，口服。该药对毛尾线虫效果较差。

（4）**伊维菌素或阿维菌素** 按每千克体重0.2毫克，1次口服或皮下注射。

十一、羊鼻蝇蛆病

羊鼻蝇蛆病又称羊狂蝇蛆病，是由羊鼻蝇的幼虫寄生在羊的鼻腔及其附近的腔窦内引起的一种寄生虫病。其主要临床特征为病羊表现为脓性鼻漏，呼吸困难和打喷嚏等慢性鼻炎症状，精神不安、体质消瘦，甚至死亡。

羊鼻蝇的发育是成虫直接产幼虫（图4-39），经过蛹变为成虫。成虫野居于自然界，不营寄生生活，也不叮咬羊只，只是寻找羊只向其鼻孔中产幼虫。成虫出现于每年5~9月间，尤以7~9月间最多。雌雄交配后，雄蝇死亡，雌蝇则栖息于较高而安静处，待体内幼虫发育后才开始飞翔，只在炎热晴朗无风的白天活动，阴雨天时，栖息于羊舍附近的土墙或栅栏上。雌蝇遇羊时，急速而突然地飞向羊鼻，将幼虫产在羊鼻孔内或鼻孔周围，每次可产出20~40个幼虫。1只雌蝇在数天内能产出500~600个幼虫，产完幼虫后死亡。幼虫爬入羊鼻腔内，以口前钩固着于鼻黏膜上，逐渐向鼻腔深部移行到鼻腔、额窦或鼻窦内（少数能进入颅腔内）寄生9~10个月，经过2次蜕化变为第2期幼虫，侵入的幼虫仅10%~20%能发育成熟。第2年的春季，发育成熟的第2期幼虫由深部向浅部移行，当病羊打喷嚏时，幼虫即被喷落地面，钻入土内或羊粪内变为蛹。蛹期为1~2个月，羽化为成虫。成虫寿命为2~3周。在温暖地区一年可繁殖两代，在寒冷地区每年繁殖一代（图4-40）。

图4-39 羊鼻蝇的幼虫

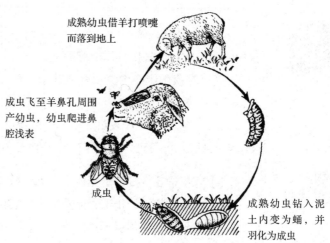

成熟幼虫借羊打喷嚏而落到地上

成虫飞至羊鼻孔周围产幼虫，幼虫爬进鼻腔浅表

成虫

成熟幼虫钻入泥土内变为蛹，并羽化为成虫

图4-40 羊鼻蝇生活史

　　羊鼻蝇幼虫进入羊鼻腔、额窦及鼻窦后（图 4-41），在其移行过程中，由于体表小刺和口前钩损伤黏膜引起鼻炎，可见羊流出大量鼻液（图 4-42），鼻液初为浆液性，后为黏液性和脓性，有时混有血液。当大量鼻漏干涸在鼻孔周围形成硬痂时，使羊发生呼吸困难。此外，可见病羊表现不安，打喷嚏，时常摇头，摩鼻，眼睑水肿，流泪，食欲减退，日渐消瘦。症状表现可因幼虫在鼻腔内的发育期不同而持续数月。通常感染不久呈急性表现，以后逐渐好转，到幼虫寄生的晚期，则疾病表现更为剧烈。有时，当个别幼虫在颅腔损伤了脑膜或因鼻窦发炎而波及脑膜时，可引起神经症状，病羊运动失调，旋转运动，头弯向一侧或发生麻痹；最后病羊食欲废绝，因极度衰竭而死亡。

图 4-41　羊鼻腔的纵切面，有鼻蝇幼　　图 4-42　病羊流鼻液
虫寄生

病名	与羊鼻蝇蛆病的相似点	与羊鼻蝇蛆病的不同点
羊网尾线虫病	二者均表现打喷嚏，咳嗽，流鼻液，鼻周有干痂	羊网尾线虫病的病原为网尾线虫；病羊有阵发性痉咳，咳出的痰团内有成虫、幼虫、虫卵；剖检可见支气管有成虫
羊鼻卡他	二者均表现鼻黏膜发炎，流鼻液，打喷嚏，咳嗽，甩鼻	羊鼻卡他病例滴药不喷虫

　　本病应以消灭第 1 期幼虫为主要措施。各地可根据不同气候条件和羊鼻蝇的发育情况，确定防治的时间，一般在每年 11 月进行为宜。治疗可选用以下药物：

　　（1）伊维菌素或阿维菌素　按每千克体重 0.2 毫克，配成 1% 溶液皮下注射。

　　（2）氯氰柳胺　按每千克体重 5 毫克，口服；或按每千克体重 2.5 毫克，皮下注射。

十二、羊疥螨病

羊疥螨病是由疥螨寄生于皮肤所引起的一种慢性皮肤寄生虫病，山羊多发。

虫体及生活史 虫体呈圆形，微黄白色，背面隆起，腹面扁平，雌螨体长0.33~0.45毫米，雄螨体长0.2~0.23毫米，背胸有2对足，背腹部有2对足，卵呈椭圆形（图4-43）。发育经卵、幼虫、若虫、成虫4个阶段，疥螨钻进宿主表皮挖凿隧道并在内繁殖，雌虫在隧道内产卵（产40~50个卵），卵孵化为幼虫，幼虫爬出皮肤表面而开凿小穴，在里面蜕化为若虫，若虫钻入皮肤，形成狭而浅的隧道并在内蜕化为成虫，雄虫交配后死亡，寿命为4~5周，疥螨的整个发育过程为8~22天。健康羊进入有疥螨病的羊圈或与病羊接触均能感染，疥螨在幼羔身上比在成年羊身上繁殖快。

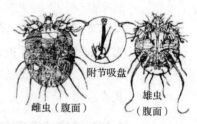

图4-43 羊疥螨

临床症状

（1）**山羊** 通常发生于嘴唇、鼻面、眼圈、耳根皮肤，奇痒。皮肤发红，肥厚，继而出现丘疹、水疱，而后形成痂皮。皲裂多发生在唇、口角、耳根、四肢弯曲面。严重时消瘦，放牧时落后于羊群，虫体遍及全身，嘴被疮痂所盖，不能张口，食欲废绝，仔山羊常因此饿死。

（2）**绵羊** 开始发生于嘴唇、口角附近、鼻边缘和耳根部（图4-44）。严重时蔓延至整个头、颈部皮肤，因患部淋巴液渗出增多，故有"水骚"之称。病变干涸如石灰，故有"石灰头"之称。臀背、尾部长毛处，因擦痒毛脱落而露出皮肤，发红、肿胀、发热，有血清渗出，感染细菌则化脓。不久结成黄色痂皮，并不断扩大。皮肤变厚皱缩，奇痒，显出疯狂擦痒。眼睑肿胀，畏光，流泪。

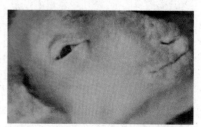

图4-44 病羊唇、鼻边缘与耳根部的疥螨病病变

病名	与羊疥螨病的相似点	与羊疥螨病的不同点
羊蠕形螨病	二者均表现头、眼、耳、皮肤发炎、肿胀	羊蠕形螨病的病原为蠕形螨，寄生于毛囊和皮脂腺；取脓液镜检可见虫体
羊虱病	二者均表现皮肤发炎，瘙痒，啃咬摩擦，脱毛	羊虱病的病原为虱，可见到毛上的卵和毛中的虱
羊锌缺乏症	二者均表现皮肤增厚、脱毛	锌缺乏症病例无传染性；羊因饲料中缺锌而发病；局部不痒，流涎，关节肿胀，蹄变形，血清中锌低于正常水平
羊伪狂犬病	二者均表现瘙痒、脱毛	羊伪狂犬病的病原为伪狂病病毒；病羊全身震颤，阵发痉挛，口鼻流黏液，四肢麻痹而死

1）经常注意观察羊群有无擦痒脱毛现象，若有，及时挑出隔离检查和予以治疗。

2）平时注意羊圈、用具的清洁卫生、干燥通风，羊群不要过密。从外地购进新羊经检查无螨后方可合群。

3）定期对羊进行药浴（绵羊须在剪毛后进行）。

疥螨寄生于皮肤内层，痒螨寄生于皮肤表层，确定后用药。病羊多时，先以少数试验治疗以鉴定药效和安全。用药前应先剪去局部周围的毛，洗去污垢痂皮（用温肥皂水、2% 来苏儿液或草木灰水），擦干后再涂药，一次涂药的面积不得超过体表面积的 1/3。因用药能杀死螨虫而不能杀死虫卵，因此隔 5~7 天应再用药 1 次。治疗过的羊不应放在有螨污染的环境中。

1）用 0.1% 伊维菌素，按每千克体重 0.2 毫升，皮下注射，隔 10 天注射 1 次，连用 2~3 次。

2）第一液为纯滴滴涕 1 份、煤油 9 份混合，第二液为来苏儿 1 份、水 19 份混合，用时将两液混合振荡后涂擦。

3）将松馏油 1 份、升华硫黄 1 份、软肥皂 2 份、95% 酒精 2 份，按顺序混合后涂擦患部。

4）药浴时用氧硫磷 0.02%~0.03% 水溶液，或蝇毒磷 0.25% 水溶液。

十三、羊痒螨病

羊痒螨病是由痒螨寄生于皮肤所引起的一种慢性皮肤寄生虫病，绵羊多发。

虫体及生活史

虫体为长圆形，长 0.5~0.9 毫米，肉眼可见。雄虫前 3 对足有吸盘，第 4 对足特别短，无吸盘和刚毛。雌虫第 1、2、4 对足有吸盘，第 3 对足各有 2 根刚毛（图 4-45）。寄生于皮肤表面，不在表皮挖隧道，终生寄生在动物体上。动物瘦弱和皮肤抵抗力差时易感，营养良好、抵抗力强时感染少，冬季、阴暗潮湿、拥挤发病严重，夏季不利于痒螨发育。

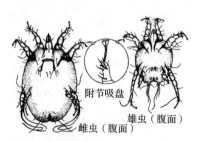

图 4-45 羊痒螨

临床症状

（1）绵羊 多发生于长毛部位，开始于背、臀部，很快蔓延至体侧，先发奇痒，常就木柱、墙壁摩擦，或用后肢抓患部。患部皮肤初有针尖大至粟大结节，继而变成水疱、脓疱，渗出液增多，皮肤表面湿润，最后结成浅黄色脂样痂皮。有些皮肤变厚，腹下毛结成束，并逐渐大批脱落甚至落光（图 4-46）。呈现贫血，严重时引起大批死亡。

图 4-46 绵羊感染痒螨后，患部大片被毛脱落

（2）山羊 多发生在耳壳内，患部形成硬实紧贴皮肤的黄白色痂皮块，炎症常蔓延至外耳道使其发痒，羊常摇动耳朵，并在硬物上摩擦。食欲不佳，可引起死亡。

类症鉴别

病名	与羊痒螨病的相似点	与羊痒螨病的不同点
羊疥螨病	二者均表现绵羊皮肤生结节、水疱、湿润结痂，以及山羊耳部奇痒、擦痒	羊疥螨病的病原为疥螨，不寄生于皮肤表面，而在皮肤表层挖隧道

防治措施

参见疥螨病。

十四、羊蠕形螨病

羊蠕形螨病又称羊毛囊虫病、脂螨病，是由蠕形螨寄生引起的一种慢性皮肤寄生虫病。

虫体及生活史

虫身细长，头部有口器和 1 对脚触器，胸部 4 条短腿。体长 0.25~0.3 毫米，宽 0.01 毫米。寄生于毛囊和皮脂腺内，雌虫产卵，卵孵化出 3 对腿的幼虫，再蜕化为若虫，再第 2 次蜕皮为成虫（图 4-47），接触传染，污染的用具也能传染。

图 4-47　羊蠕形螨

临床症状

本病以山羊蠕形螨病更为常见，可见肩胛、四肢、颈、腹等处有许多圆形和椭圆形凸出的白色结节或脓疮，小的如尖针大，大者直径可达 1 厘米。严重感染可致消瘦、贫血。

类症鉴别

病名	与羊蠕形螨病的相似点	与羊蠕形螨病的不同点
羊疥螨病	二者均表现头、眼、耳、皮肤发炎有脓	羊疥螨病的病原为疥螨，在皮内挖隧道、奇痒，刮取病健交界处皮屑可见疥螨

预防措施

避免与病羊接触，隔离病羊，认真消毒圈舍和用具及病羊活动场。

治疗方法

1）用 14% 碘酊涂患部，共用 6~8 次。

2）用 5% 福尔马林浸涂患部 5 分钟，每隔 3 天 1 次，共用 5~6 次。

3）用苯甲酸 33 毫升、软肥皂 16 克、95% 酒精 51 毫升混合后涂擦患部，隔天 1 次。

十五、羊虱病

虫体及生活史

虱是体表寄生虫。吸血的虱有山羊颚虱、绵羊颚虱、绵羊足颚虱、非洲羊颚虱等，不吸血的虱（以毛、皮屑为食）有羊毛虱（图 4-48）。

虱经历产卵、若虫、成虫 3 个发育阶段约需要 1 个月。成

图 4-48　羊毛虱

熟的雌虫一昼夜产卵 1~4 个，黏附在羊毛上，经 2 周发育为若虫，再经 2~3 周蜕化 3 次为成虫。产卵期为 2~3 周，共产卵 50~80 个雌虫即死。雄虫配种后即死亡。每年能繁殖 6~15 个世代。离开羊体 1~10 天死亡。互相接触及经用具传播。

临床
症状

皮肤发痒，啃咬，摩擦，烦躁不安，影响采食和休息。皮肤发炎，脱毛，消瘦，贫血。幼羊发育不良。奶羊泌乳量下降。

类症
鉴别

病名	与羊虱病的相似点	与羊虱病的不同点
羊疥螨病	二者均表现皮肤发炎，瘙痒，啃咬，擦痒，脱毛	羊疥螨病的病原为疥螨；患羊皮内有隧道，在病健交界处刮取皮屑可见疥螨

防治
措施

搞好羊圈和周围环境的清洁卫生、干燥、透光、通风，平时给予营养丰富的饲料以增强羊的抵抗力。对新引进的羊应加以检查并注意观察，以便能及早发现虱和隔离治疗，防止蔓延，并对羊舍、用具及场地用热碱水或开水烫洗杀灭虱卵。对羊体灭虱可采取洗刷、喷洒和药浴（参见疥螨治疗方法）。

十六、羊蜱病

蜱是羊体表的一种寄生虫，俗称草爬子、八脚子、狗豆子，属于不完全变态节肢动物。它们寄生在羊的体表，吸取羊体血液，引起羊的贫血，同时分泌的神经毒素进入羊体内，引起羊的神经传导机能障碍，呈现肌肉麻痹衰竭死亡，同时还能传播多种疾病。是一些人兽共患病的传播媒介和贮存宿主。

硬蜱多生活在森林、灌木丛、开阔的牧场、草原、山地的泥土中。软蜱多栖息于家畜的圈舍、野生动物的洞穴、鸟巢及房屋的缝隙中，繁殖能力强。

虫体及
生活史

病原体分为硬蜱（图 4-49、图 4-50）和软蜱（图 4-51、图 4-52）。成虫体形似"蜘蛛"，椭圆形，未吸血时腹背扁平，背面稍隆起，体长 2~10 毫米；饱血后胀大如赤豆或蓖麻子状，大者可长达 30 毫米。虫体分颚体和躯体 2 部分。

蜱为不完全变态，发育分为卵、幼虫、若虫、成虫阶段，在动物体上交配，然后落地产卵，一生产卵 1 次，产卵数达千或上万个，卵小、呈圆形褐色，自卵至成虫需

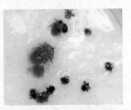

图 4-49　硬蜱 1　　　图 4-50　硬蜱 2　　　　　　图 4-51　软蜱 1　　　图 4-52　软蜱 2

1~12 个月，吸血后离开畜体隐蔽于洞穴或隙缝中，需吸血时再爬上畜体。

临床症状

　　蜱侵袭羊体后，多趴在羊体毛短的部位叮咬，如嘴巴、眼皮、耳朵、前后肢内侧、阴门等处，影响羊只采食。由于对皮肤机械性损伤造成的剧痒和创痛，可使羊不安，造成局部损伤、组织水肿、出血和皮肤肥厚。有的还可继发细菌感染引起化脓、肿胀和蜂窝组织炎等。当幼羊被大量硬蜱侵袭时，由于被过量吸血，加之硬蜱唾液内的毒素进入羊机体后破坏造血器官，溶解红细胞，形成恶性贫血，使血液中的有形成分急剧下降。此外，由于硬蜱唾液内的毒素作用有时还可出现神经症状及麻痹，造成"蜱瘫痪"。另外，在吸血的同时将毒素随唾液注入宿主体内，对宿主机体造成毒害。这种损伤和毒害在虫体大量长期寄生时，可引起羊体质衰弱、贫血、发育不良及日趋消瘦。部分妊娠母羊流产，羔羊与分娩后的母羊死亡率很高。蜱也是羊各种血孢子虫病的传播者。此外，还能传播细菌性、病毒性疾病。

类症鉴别

病名	与羊蜱病的相似点	与羊蜱病的不同点
山羊病毒性关节炎 – 脑炎（脑脊髓炎型）	二者均表现后躯软弱，运动失调，最后四肢麻痹	山羊病毒性关节炎 – 脑炎的病原为山羊关节炎 – 脑炎病毒，多发于 2~4 月龄羔羊，眼球震颤，角弓反张，头颈歪斜
羊土拉杆菌病	二者均表现后肢软弱，步态摇晃，妊娠羊流产	羊土拉杆菌病的病原为土拉杆菌，病羊体温升高（41.5~42.5℃），体表淋巴结肿大
羊后躯麻痹	二者均表现后肢不能站立和走动	羊后躯麻痹病例无传染性，因受寒淋雨而发病，没有蜱寄生

预防措施

　　（1）机械除蜱　可用镊子将虫体夹住后慢慢取出，这种方法可能会弄破蜱，使蜱体内的液体流出而造成污染，幼虫、若虫也常被漏掉。在拔出蜱的过程中口器很容易断在羊体内。

（2）**圈舍除蜱**　消灭圈舍内的蜱。有些蜱可在圈舍的墙壁、缝隙、洞穴中栖息。可选用灭蜱药物定期喷洒或粉刷后，再用水泥、石灰等堵塞。

（3）**环境除蜱**　消灭大自然中的蜱。采取轮牧，相隔1~2年时间，牧地上的成虫即可灭亡。

治疗方法

（1）**西药治疗**　注射伊维菌素或阿维菌素针剂效果很好，剂量为每千克体重0.2~0.3毫克，间隔1周重复1次，皮下注射，药物残留小，环境污染小。

（2）**药浴**　二嗪农，用0.025%~0.075%药液药浴，乳汁废弃3天，休药期为14天。也可选用0.05%双甲脒液、0.1%马拉硫磷液、0.1%辛硫磷液药浴。

十七、羊泰勒焦虫病

羊泰勒焦虫病是由绵羊泰勒焦虫引起的一种血液原虫病。

虫体及生活史

泰勒焦虫的形态不一，圆形（直径0.6~2微米）、卵圆形（直径1.6微米）占80%，杆状占18%，边虫型占2%，一个红细胞内寄生1~4个，红细胞感染率不到2%。由蜱传播，春夏之交引起羊大量死亡。发病季节为3~5月，以4月至5月上旬为高峰，5月下旬停止，发病率以1~4月龄羔羊和1~2岁羊最高，成年羊发病较少。

临床症状

病羊初期体温升高达40~42℃，稽留热型。脉搏、呼吸加快，且呼吸困难，精神沉郁，低头耷耳，喜卧地。食欲减退，先便秘后腹泻，粪便内混有黏液或血液。眼睑水肿，可视黏膜充血，继而苍白贫血并带有黄疸（图4-53），部分羊只有小点状出血，严重者在皮肤薄软的大腿内侧、乳房、阴囊等处有出血点。体表淋巴结肿大，肩前淋巴结肿大尤为明显。病程为6~15天，急性病例常在发病的2~3天内死亡。

病理变化

病羊尸体外观消瘦，被毛无光泽；血液稀薄，凝固不良，皮下脂肪有点状出血。全身淋巴结呈不同程度的肿大，尤以肩前、肠系膜等处较为显著，切面充血、出血；肝脏、脾脏及胆囊肿大（图4-54、图4-55），肝脏呈黄色，胆汁浓稠，肾脏呈黄褐色，有点状出血。

图 4-53 病羊眼结膜贫血

图 4-54 病羊肝脏肿大

图 4-55 病羊肾脏充血、水肿

类症鉴别

病名	与羊泰勒焦虫病的相似点	与羊泰勒焦虫病的不同点
羊无浆体病	二者均表现体温升高（40~41℃），消瘦，贫血，黄疸，血稀如水；脾脏、肝脏、胆囊肿大	羊无浆体病的病原为无浆体；病羊尿清亮有泡沫；血液涂片姬氏染色、血检可见红细胞内有 1 个或多个边缘无浆体
羊双腔吸虫病	二者均表现消瘦，贫血，黄疸，下痢	羊双腔吸虫病的病原为双腔吸虫，羊因吞食含有尾蚴的蚂蚁而发病；剖检可见胆管炎，在水中将肝脏撕碎并连续洗涤可见虫体
羊东毕吸虫病	二者均表现消瘦，贫血，黄疸	羊东毕吸虫病的病原为东毕吸虫；病羊颌下、腹下水肿，尾蚴从皮肤钻入体内而发病，母羊不孕，妊娠末流产；剖检可见肠系膜、大网膜胶冻样浸润，肝脏表凹凸小平，散有坏死结节

预防措施

　　灭蜱是预防本病首要任务，切断传播途径，避免和消灭蜱的侵袭。

　　（1）**羊体灭蜱**　在发病季节要经常检查羊体，尤其是放牧回来时，发现羊体寄生蜱及时摘除处死。定期用 0.025%~0.05% 双甲脒或 0.2%~0.5% 敌百虫溶液等药浴、喷洒、涂刷羊体。

　　（2）**圈舍灭蜱**　在蜱活动的季节，定期或不定期对圈舍、运动场等用上述药液喷洒，特别是圈舍墙缝、地面缝隙处等必须彻底喷洒。

　　（3）**药物预防**　在发病季节，对羊群用三氮脒按每千克体重 3 毫克稀释成 5% 的溶液深部肌内注射进行预防。

治疗方法

　　（1）**黄色素**　按每千克体重 2~3 毫克，用蒸馏水或生理盐水配成 0.5%~1% 溶液静脉注射，必要时隔 1~2 天再重复注射 1 次。病羊在治疗后数天内须避免阳光照射，注射时切忌将药液漏到血管外。

（2）三氮脒（贝尼尔、血虫净）　按每千克体重5毫克用安乃近或复方氨基比林稀释，深部肌内分点注射，每天1次，连用2~3天。

（3）对症治疗　对病情较重羊加强护理，对症治疗，强心、补液、健胃、清肝利胆等，严重贫血者补给维生素 B_{12} 和硫酸亚铁等抗贫血药物，提高治愈率。

十八、羊弓形虫病

羊弓形虫病也称羊弓浆虫病，是由龚地弓形虫所引起的人兽共患寄生虫病。猫、豹、猞猁等一些猫科动物为终末宿主（也可为中间宿主），人和哺乳动物及鸟类为中间宿主，病原除在中间宿主与终末宿主之间循环传递之外，也可在中间宿主范围内相互进行水平传播。其感染途径包括口感染、经胎盘感染及通过宿主受损的皮肤、黏膜发生感染。本病特征为病羊流产、死胎。

虫体及生活史

根据弓形虫的不同发育阶段，虫体分为5型。速殖子（滋养体）和包囊（组织囊）出现在中间宿主体内，裂殖体、配子体和卵囊则只出现在终末宿主体内。

（1）速殖子（滋养体）　主要见于急性病例。典型的游离速殖子呈香蕉形或新月形，大小为（4~7）微米×（2~4）微米，一端较尖，另一端钝圆，虫体中央稍偏钝端有一染色质核，核胞质内有时可见到数量不等的空泡或大小不一的颗粒。速殖子在宿主细胞（主要是网状内皮细胞）的胞质内反复进行内双芽增殖，结果形成了内含数个至数十个速殖子的包囊。由于此包囊的膜是由宿主细胞构成的，故称为假囊，假囊内的速殖子则被称为虫体集落。集落内正在繁殖的虫体形状是多种多样的，可呈圆形、卵圆形、柠檬形和正在出芽的不规则形状。

（2）包囊（组织囊）　见于慢性病例或隐性感染。主要寄生于脑、骨骼肌、视网膜、心、肺、肝脏及肾脏等处。包囊在上述组织中呈圆形或卵圆形，有较厚而富有弹性的囊膜。囊中含有数十个至数千个慢殖子。慢殖子的形态与速殖子相似，仅核的位置稍偏后。慢殖子在包囊内也可以内双芽增殖的方式缓慢地进行繁殖。包囊型虫体可在宿主体内长期寄生，甚至伴随宿主终生。

（3）裂殖体　为猫及猫科动物肠上皮细胞内进行裂体增殖阶段的虫体。1个裂殖体内可以形成许多裂殖子。游离的裂殖子大小为（7~10）微米×（2.5~3.5）微米，前端尖，后端钝圆，核呈卵圆形，常靠近虫体后端。

（4）**配子体** 是继裂殖体增殖后在终末宿主肠上皮细胞内进行有性繁殖阶段的虫体。小配子体色浅，核疏松，后期分裂形成许多小配子；大配子体的核致密，较小，含有着色明显的颗粒，后期分裂形成大配子。

（5）**卵囊** 未孢子化的卵囊呈圆形或近圆形，直径为 10~12 微米。囊壁为 2 层，无色，无卵膜孔和极粒。自猫体内排出后，经 1~5 天发育为孢子化卵囊。此时卵囊内形成 2 个孢子囊，孢子囊大小为 6 微米 ×8 微米，其内含有 4 个香蕉状的子孢子。

弓形虫在发育过程中具有 2 个类型的宿主，在终末宿主猫及某些猫科动物体内进行等孢球虫相发育，在中间宿主体内进行弓形虫相发育。

猫吞食了弓形虫的包囊、假囊及已成熟的卵囊后，慢殖子、速殖子或子孢子进入消化道侵入上皮细胞，开始进行等孢球虫相的发育和繁殖。首先通过裂体生殖进行繁殖，其产生的裂殖子到一定阶段后又发育成为配子体（大、小配子），进行配子生殖，形成卵囊。卵囊随粪便排出体外，在外界适宜条件下，经 2~4 天发育为感染性卵囊（孢子化卵囊）。

中间宿主动物种类繁多（包括羊在内）。弓形虫的卵囊、包囊及速殖子经口或受损的皮肤、黏膜侵入中间宿主体内后，通过淋巴、血液循环进入有核细胞，在有核细胞的胞质内主要以内出芽的方式进行繁殖，形成假囊，当宿主细胞被破坏后，释放出速殖子又进入新的有核细胞内继续繁殖。经过一定时间的繁殖后，转入神经、肌肉组织和一些脏器内形成包囊型虫体。

大多数成年羊呈隐性感染，主要表现为妊娠羊常于正常分娩前 4~6 周出现流产（图 4-56），其他症状不明显。流产时，有 1/2 的胎膜有病变，绒毛叶呈暗红色，在绒毛中间有许多直径为 1~2 毫米的白色坏死灶。产出的死羔皮下水肿（图 4-57），体腔

图 4-56　妊娠羊流产

图 4-57　患病母羊产出的死羔皮下水肿

内有过多的液体，肠内充血，脑尤其是小脑前部有广泛性非炎症性小坏死点。此外，在流产组织内可发现弓形虫。

少数病例可出现神经系统和呼吸系统症状，表现呼吸困难，咳嗽，流泪，流涎，有鼻液，走路摇摆，运动失调，视力障碍，心跳加快，体温达41℃以上，呈稽留热，腹泻等。

剖检可见淋巴结肿大，边缘有小结节，肺表面有散的小出血点，胸、腹腔有积液。此时，肝脏、肺、脾脏、淋巴结涂片检查可见弓形虫速殖子。

类症鉴别

病名	与羊弓形虫病的相似点	与羊弓形虫病的不同点
羊李氏杆菌病	二者均表现体温升高（40~41℃），有神经症状，肌肉僵硬，妊娠羊流产	羊李氏杆菌病的病原为李氏杆菌；病羊体温初高不久即降低，盲目乱闯，遇障碍而停，不转圈，阵发性痉挛；剖检可见脑充血、水肿、有小脓灶（不是坏死灶）；病料涂片镜检可见到"V"形排列的杆菌
羊布鲁氏菌病	二者均表现精神委顿，妊娠羊中后期流产，产死胎，胎儿浆膜腔有红色液体	羊布鲁氏菌病的病原为布鲁氏菌；病羊妊娠期的任何阶段均可流产，流产前几天阴道排黄色、灰褐色黏液，胎衣有黄色胶冻样浸润，覆有纤维蛋白和脓液，绒毛叶苍白、贫血，覆有灰色或黄绿色纤维蛋白，皮下有出血性胶冻样浸润；用补体结合反应可确诊
羊脑多头蚴病	二者均表现体温升高，做圆圈运动，卧地不起	羊脑多头蚴病的病原为多头蚴；病羊持续转圈不停，越转越小，有时颅骨凸起；剖检可见脑部有多头蚴
羊脑脊髓丝虫病	二者均表现一肢或两肢运动失调，横卧不起，病程长	羊脑脊髓丝虫病的病原为脑脊髓丝虫；如羊两肢有病多为同侧，行走歪斜；用脊髓丝虫抗原注于皮内可出现丘疹

预防措施

1）做好羊舍卫生工作，定期消毒。

2）饲草、饲料和饮水严禁被猫的排泄物污染。

3）对羊的流产胎儿及其他排泄物要进行无害化处理，流产的场地也应严格消毒。

4）死于本病或疑为本病的畜尸，要严格处理，以防污染环境或被猫及其他动物吞食。

治疗方法

对急性病例可应用磺胺类药物，与抗菌增效剂联合使用效果更好，也可使用四环素族抗生素和螺旋霉素等。上述药物通常不能杀灭包囊内的慢殖子。

（1）**磺胺嘧啶＋甲氧苄啶**　前者按每千克体重 70 毫克，后者按每千克体重 14 毫克，每天 2 次，口服，连用 3~4 天。

（2）**磺胺甲氧吡嗪＋甲氧苄啶**　前者按每千克体重 30 毫克，后者按每千克体重 10 毫克，每天 1 次，口服，连用 3~4 天。

（3）**磺胺 –6– 甲氧嘧啶**　剂量按每千克体重 60~100 毫克；或配合甲氧苄啶（按每千克体重 14 毫克），每天 1 次，口服，连用 4 次。可迅速改善临床症状，并有效地阻抑速殖子在体内形成包囊。

十九、羊球虫病

羊球虫病是由艾美耳属的多种球虫寄生于绵羊或山羊的肠道上皮细胞内所致的寄生虫病。发病可引起急性或慢性肠炎，消瘦，贫血和发育不良，严重的可造成羊只死亡，本病对羔羊危害较大。

寄生于绵羊或山羊的球虫种类较多，绵羊球虫中以阿撒他艾美耳球虫致病力最强，绵羊艾美耳球虫和小艾美耳球虫有中等的致病力，浮氏艾美耳球虫有一定的致病力；山羊球虫中雅氏艾美耳球虫致病力强，阿氏艾美耳球虫有中等或轻微的致病力。

球虫的卵囊呈近圆形、卵圆形或椭圆形，其孢子化卵囊内含有 4 个孢子囊，每个孢子囊内有 2 个子孢子。

羊因吞食了球虫的孢子化卵囊而感染，子孢子侵入肠上皮细胞内，首先进行无性的裂体增殖，继而进行有性的配子生殖并形成卵囊，卵囊随粪便排出于外界，在适宜的温度、湿度条件下，经 2~3 天完成孢子生殖过程，形成孢子化卵囊即具感染性。羊球虫的发育因种类不同，其潜伏期、寄生部位、裂体生殖的代数等方面有所差异。

本病多见于春、夏、秋 3 季，冬季不利于球虫卵囊的发育而较少发病。

发病依感染的球虫种类，感染强度，羊只的年龄，机体的抵抗力及饲养管理条件的不同而表现急性或慢性过程。急性型多见于 1 岁以下的羔羊。可见食欲减退或废绝，精神不振，腹泻，粪便中常带血，恶臭。体温有时升至 40~41℃，迅速消瘦、贫血，并可因极度衰竭而死亡。慢性型表现长期腹泻，渐进性贫血、消瘦，发育迟缓。

可见尸体消瘦，后肢及尾部常有稀粪污染。肠黏膜普遍充血并呈斑点状、带状出血，肠黏膜和浆膜面上见有数量不等的粟粒大至豌豆大小的灰白色或黄色球虫结节，常成簇分布（图4-58、图4-59）。肠系膜淋巴结炎性肿大（图4-60）。小肠的绒毛上皮固有膜及腺窝等严重破坏，肠黏膜上皮细胞透明、变性。

病名	与羊球虫病的相似点	与羊球虫病的不同点
羊副结核	二者均表现腹泻，消瘦	羊副结核的病原为副结核分枝杆菌；病羊体温正常，食欲稍减，病程慢；剖检可见肠系膜淋巴结柔软，有黄白色坏死灶；病料涂片抗酸染色可见红色细小杆菌
羔羊梭菌性痢疾	二者均表现精神委顿，食欲不振，腹泻且粪含血、恶臭	羔羊梭菌性痢疾的病原为B型魏氏梭菌；主要发生于7日龄内羔羊，衰弱卧地不起；剖检小肠常见溃疡，周围有出血带，从肠内容物中可获得B型魏氏梭菌
羊大肠杆菌病（肠型）	二者均表现体温升高（41.5~42℃），下痢含血，精神委顿，卧地；肠黏膜充血	羊大肠杆菌病的病原为大肠杆菌；病羊下痢后体温下降，腹痛，粪含气泡；剖检可见肠系膜淋巴结红肿
羊沙门菌病（下痢型）	二者均表现体温升高（40~41℃），食欲减退，腹泻，粪含血、有恶臭，精神委顿，卧地不起	羊沙门菌病的病原为沙门菌；病羊粪中无卵囊；剖检可见皱胃、肠道空虚，肠道、胆囊黏膜充血；单克隆抗体技术能快速诊断
羊前后盘吸虫病	二者均表现食减烦渴，腹泻，红细胞减少	羊前后盘吸虫病的病原为前后盘吸虫；病羊粪腥臭；粪检有虫卵；剖检皱胃、小肠可见童虫，瘤胃可见成虫
羔羊消化不良	二者均表现腹泻，呼吸急促；小肠充血	羔羊消化不良病例无传染性，粪呈灰绿色、混有气泡和凝乳块，酸臭，体温不高，脱水；剖检可见肝脏肿脆，心内、外膜有出血点

图4-58　病羊肠道出血，浆膜面有灰白色病灶

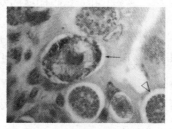

图4-59　病羊肠道黏膜上有卵圆形结节

图4-60　病羊肠系膜淋巴结肿大

预防
措施

1）注意做好羊舍、饲料和饮水的卫生工作，防止病原感染。

2）加强饲养管理，提高羊只的抗病能力。

3）在发病地区应及时进行药物预防。

治疗
方法

（1）**氨丙啉**　按每千克体重 20~30 毫克，每天 1 次，口服，连用 14~19 天。

（2）**莫能菌素**　按每千克体重 20~30 毫克，混饲，连喂 2~10 天。

（3）**盐霉素**　按每千克体重 20~30 毫克，混饲，连喂 7~10 天。

（4）**磺胺二甲嘧啶**　按每千克体重 100 毫克，每天 1 次，口服，连用 3~4 天。

第五章

羊中毒性疾病的
鉴别诊断与防治

一、羊有机磷农药中毒

甲拌磷、对硫磷、内吸磷、乐果、敌百虫、马拉硫磷和乙硫磷等有机磷农药是农业上常用的杀虫剂，常引起家畜中毒。

病因分析 主要是误食喷洒有机磷农药的蔬菜或庄稼，误饮被有机磷农药污染的饮水，误用配制农药的容器当作料槽或水桶为羊群喂料饮水，滥用农药驱虫或被人为投毒等。

临床症状 羊只中毒症状较轻时，食欲不振，无力、流涎。羊只中毒症状较重时，呼吸困难，兴奋不安，腹痛、肌肉震颤，眼球震颤、瞳孔缩小。严重中毒时，食欲和反刍停止，粪便稀薄呈水样，唾液、鼻液、汗液等分泌增加，结膜发绀，磨牙，心跳加快，气喘，甚至呼吸麻痹而死亡（图 5-1）。

图 5-1　病羊出现局部麻痹症状

胃肠黏膜充血、出血、肿胀（图5-2、图5-3），胃黏膜脱落；胃内容物有大蒜臭味。若病程稍久，所有黏膜呈暗紫色，内脏器官出血；肝脏、脾脏肿大；肾脏混浊、肿胀，包膜不易剥离；肺水肿，支气管内有大量泡沫。

图5-2　病羊瓣胃黏膜充血、出血　　　　图5-3　病羊皱胃黏膜充血、出血

类症
鉴别

病名	与羊有机磷农药中毒的相似点	与羊有机磷农药中毒的不同点
羊有机氯农药中毒	二者均表现发病突然，食欲废绝，呼吸困难，流涎，口流白沫，眼结膜充血，肌肉震颤，运步不稳，兴奋不安	羊有机氯农药中毒病例因采食或应用有机氯农药后发病，体温升高至40~41℃，眼睑、面部肌肉抽搐，颈部肌肉强直性痉挛，前后肢痉挛，且反复发生；严重病例，还出现呕吐，全身发抖，角弓反张
山羊癫痫	二者均表现眼球、肌肉震颤，卧地时四蹄乱蹬	山羊癫痫病例没有与农药接触史，口流白沫，不流涎，不出现呼吸困难，当病发作几分钟或十几分钟，即恢复正常状态
羊食盐中毒	二者均表现失神，肌肉震颤，磨牙，卧地乱蹬腿	羊食盐中毒病例曾过量采食食盐、腌水或过量应用氯化钠；烦渴，尿少或无尿，瞳孔放大

预防
措施

加强对有机磷农药的保管贮藏。内服、外用药要合理，杀虫要掌握药的用量、用法。严禁到喷洒过农药的田间、地头放牧，在喷过农药的田地设立标志，在7天内不准食用其内杂草。有机磷农药厂的废水要经过处理，防止羊误饮中毒。

治疗
方法

中毒时可紧急使用阿托品与解磷定进行治疗。使用1%阿托品注射液1~2毫升，皮下注射，每隔1~2小时用药1次，可使症状明显减轻。在此治疗基础上，配合解磷定，按每千克体重10~45毫克，溶于生理盐水静脉注射，0.5小时后，如不好转可再用药1次。另外，可用双复磷，剂量为每千克体重10~20毫克。同时全身补液、补维生素C等对症治疗。

二、羊有机氯农药中毒

有机氯农药为应用较广的农药之一，如氯丹、艾氏剂和七氯等，常用来防治农作物害虫。由于其残毒性强，故可因蓄积作用而危害人、畜、禽。目前国内外都控制或停止生产和使用有机氯制剂。

病因分析

1）羊采食了喷洒有机氯农药不久的农作物、蔬菜和饲草等发生中毒。

2）有机氯农药保管和使用不当，污染了草、料和饮水，羊误食、误饮而中毒。

3）用有机氯药物杀灭体外寄生虫时，在体表涂撒面积过大或药物浓度配制过高，有机氯经皮肤吸收，或羊只相互舔食而中毒。

临床症状

有机氯农药是神经毒，又是一种肝毒。羊发生急性中毒后主要表现精神萎靡，食欲减退或废绝，口吐白沫，呕吐，心悸亢进，呼吸加快，行动缓慢，呆立不动。中枢神经兴奋而引起骨骼肌颤动，逐渐表现运动失调（图5-4），痉挛，步态不稳。经1~2小时流涎停止，四肢无力，倒地，心律不齐，呻吟，逆呕，眼球震颤，体表肌肉抽动，以后四肢麻痹，多于12~24小时内因呼吸中枢衰竭而死亡。轻度中毒者，食欲减退，逐渐消瘦；突然发病者，局部肌肉震颤，四肢行动不便，衰弱无力，甚至后躯麻痹。慢性胃肠炎，排出稀粪。

图5-4 病羊嘴唇下垂，流涎，运动失调

病理变化

急性中毒病例病变不明显，仅有内脏器官的瘀血、出血和水肿，全身小点出血。慢性中毒病例，剖检可见皮下组织和全身各组织器官黄染，体表淋巴结水肿、色泽黑紫；肝脏、脾脏、肾脏肿大（图5-5），肝小叶中心坏死；肺瘀血、水肿、气肿（图5-6）。组织学变化为肝细胞颗粒样变性和脂肪变性，肝小叶中心的细胞坏死。脑组织血管周围水肿，神经细胞、肾小管上皮样细胞变性、坏死。

图5-5 病羊肾脏肿大

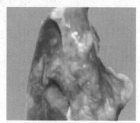

图5-6 病羊肺瘀血、水肿

病名	与羊有机氯农药中毒的相似点	与羊有机氯农药中毒的不同点
羊有机磷农药中毒	二者均表现发病突然，食欲废绝，呼吸困难，流涎，口流白沫，眼结膜充血，肌肉震颤，运步不稳，兴奋不安	羊有机磷农药中毒病例因采食或饮用有机磷农药污染的饲料或饮水而发病；眼球凸出、震颤，瞳孔缩小，出汗，拉稀，胃内容物、呼出气体有蒜、韭菜、胡椒味，体温不高
羊尿素中毒	二者均表现不安，感觉过敏，呻吟，肌肉震颤，全身痉挛，反复发作，出汗，头抵障碍物	羊尿素中毒病例因采食或饮用含尿素的饲料、饮水而发病；病初沉郁，心跳快，呼吸困难，眼睑、角膜反射消失，瞳孔散大
羊氟乙酰胺中毒	二者均表现绝食，反刍停止，阵发性痉挛，磨牙，呻吟，角弓反张	羊氟乙酰胺中毒病例因吃氟乙酰胺或其污染的饲料和饮水而发病；体温正常或偏低，不出现狂暴现象，瞳孔散大
羊铅中毒	二者均表现肌肉抽搐，感觉过敏，磨牙，口吐白沫，眨眼，惊厥	羊铅中毒病例吃了油漆颜料等铅化物或吃了含铅农药或汽车废气污染的草或铅冶炼厂废水而发病；眼球不断水平摆动，四肢无力，流鼻液，黄疸，关节强拘，喘鸣，失明，慢性病例齿龈有蓝黑色"铅线"
羊脑膜脑炎	二者均表现体温升高（40~41℃），心跳呼吸增数，盲目前奔，抵墙，全身震颤	羊脑膜脑炎病例不因吃了有机氯农药污染的草料而发病；兴奋时难以控制，前冲，遇障碍不避，卧地时四肢乱扒，随后沉郁昏睡，衔草不嚼不咽，步态蹒跚，举步笨拙，视力障碍
羊脑及脑膜充血	二者均表现兴奋时冲撞，头抵墙、槽，皮肤过敏，战栗痉挛，磨牙，食欲减退或废绝	羊脑及脑膜充血病例头盖灼热，黏膜剧烈充血，发绀；多在劳动强度大时发病，不因采食或饮用有机氯农药污染的饲料和水而发病

1）严禁将喷洒过有机氯制剂的谷物、饲草喂羊。

2）妥善保管有机氯农药。

3）用有机氯农药防病灭虫时，打开门窗，让药气消散，以防发生中毒。

1）切断毒物继续进入体内的途径，防止毒物的继续吸收，了解毒物的性质，采取相应措施。皮肤吸收有机氯制剂中毒时，可用5%碱水或温肥皂水彻底清洗羊身体，尽早清除皮肤上的毒物。经消化道吸收中毒者，可采用洗胃和灌服盐类泻剂，排出胃内毒物。用硫酸镁或硫酸钠20~50克，加水200毫升，灌服。禁用油类泻剂。

2）促进毒物排出，保护肝脏，解除酸中毒，增强机体抵抗力。

内服石灰水等碱性药物可破坏其毒性。用石灰500克加水1000毫升，搅拌澄清，服用澄清液 300~500 毫升。缓解痉挛，可用巴比妥类，按每千克体重 25 毫克，肌内注射。对症治疗，可注射高渗葡萄糖液。有出血时，可注射维生素 C 和维生素 K。

三、羊氟中毒

病因分析　氟中毒分急性和慢性两种，急性氟中毒多因吸入含氟气体，误食有机氟农药（如氟乙酰胺）等。有机氟化物是广泛使用的农药之一，如氟乙酸钠、氟乙酰胺，由于具有合成简单、价格便宜、无色无味等特点，因此在有些地方还在用于杀鼠和杀虫。畜禽常因误食毒饵或被氟污染的牧草或饲料而中毒。慢性氟中毒多因长期饮用含氟量高的水，长期饲喂沾染无机氟的牧草或混有无机氟的矿物质饲料添加剂所致，主要见于土壤含氟高的地区，或工厂（炼铝厂、磷肥厂、陶瓷厂）附近。

临床症状　（1）急性型　病羊死前无明显的前驱症状，中毒后 9~18 小时，突然倒地并剧烈抽搐、惊厥或角弓反张（图 5-7），肌肉震颤，瞳孔散大，感觉敏感，而后迅速死亡。

（2）慢性型　病羊生长缓慢，仅表现食欲减退，不反刍，不合群，靠墙站立或卧地不起，有的可逐渐康复，有的则在卧地后不久即死亡。严重病例骨骼变形，牙齿失去光泽，呈黄色或黄白色、黑色（图 5-8）。颌骨、掌骨、跖骨变粗，出现骨瘤，肋骨上有不规则膨大。

图 5-7　病羊颤抖，角弓反张

图 5-8　病羊氟斑牙，牙齿呈黑色

病理变化　剖检可见心肌变性、心内膜有出血斑，脑软膜充血、出血，肝脏、肾脏瘀血、肿大，胃肠有卡他性炎症。

病名	与羊氟中毒的相似点	与羊氟中毒的不同点
羊蕨中毒	二者均表现不愿走动，阵发痉挛，角弓反张	羊蕨中毒病例因吃蕨而发病，眼永久失明，常抬头凝听，鼻、眼前房、阴道出血；剖检可见膀胱有肿瘤
羊尿素中毒	二者均表现抽搐，角弓反张，阵发痉挛，步态不稳	羊尿素中毒病例因饮有尿素的水或误吃含氮化肥而发病；眼耳颤抖，眼球颤动，强直痉挛，口吐白沫；剖检可见胃肠黏膜充血、出血、糜烂，内容物呈红褐色

预防措施

禁用有机氟污染饲草和饮水喂羊；被该药喷洒过的农作物饲草，必须在收割后贮存 60 天以上，使其残毒消失后才可用来喂羊。放牧要远离高氟地区。

治疗方法

（1）**急性氟中毒**　应立即采取解毒措施，用乙酰胺每天每千克体重 0.1~0.3 克，肌内注射，首次用量为每天用药量的一半，每天注射 3~4 次，至羊的抽搐现象消退为止。也可用乙二醇乙酰酯（醋精）20 毫升溶于 100 毫升水中，1 次内服。

（2）**慢性氟中毒**　在查明原因的基础上，杜绝毒源，加强饲养，补充钙质。

四、羊铅中毒

羊摄入过量的铅即引起中毒，以消化障碍和神经紊乱为特征。

病因分析

1）过食含铅农药喷洒的植物和油漆污染的饲草。

2）铅矿、炼铅厂的废气、废水及公路两旁汽车废气污染的饲草（含铅量达 395 毫克 / 千克）。

3）醋酸铅的中毒量为 20~25 克，铅的致死量为 20~40 克。

临床症状

（1）**急性型**　病羊兴奋狂躁，头抵障碍物，视力障碍，失明，对触摸、音响敏感，肌肉震颤，磨牙。继而沉郁呆立，食欲、反刍废绝，腹痛，便秘或腹泻，稀粪恶臭，咩叫。牙齿上有铅线。

（2）**慢性型**　多发于矿区 3~12 周龄羔羊，运动障碍，后肢轻瘫，跛行，以至麻痹，妊娠羊流产。

病理变化

剖检可见眼球混浊、部分病例出血；气管出血、肺水肿；心包有粉红色积液，心内外膜均有出血点（图5-9）；肝脏肿大、颜色变浅，胆囊肿大；肾脏水肿、出血，部分病例膀胱出血（图5-10）；皱胃、肠黏膜脱落严重、出血；脑水肿、出血；肌肉苍白。

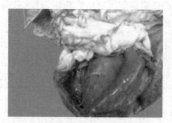
图5-9　病羊心内外膜有出血点

图5-10　病羊膀胱黏膜有出血点和出血斑

类症鉴别

病名	与羊铅中毒的相似点	与羊铅中毒的不同点
羊有机磷农药中毒	二者均表现步态蹒跚，肌肉颤抖，磨牙，流涎，拉稀	羊有机磷农药中毒病例因采食有机磷农药或被其污染的草料和饮水而发病；病羊眼球震颤，瞳孔缩小，兴奋不安，后躯麻痹；胃内容物及呼出气有蒜、韭菜、胡椒气味
羊有机氯农药中毒	二者均表现知觉过敏，肌肉抽搐，共济失调，角弓反张，空嚼磨牙，有时狂躁，沉郁	羊有机氯农药中毒病例因采食含有机氯农药或其污染的饲料或体表喷洒灭寄生虫药而发病；反复出现全身强直性痉挛，齿龈颊部黏膜糜烂，易惊厥
羊日本乙型脑炎	二者均表现食欲消失，磨牙，痉挛转圈	羊日本乙型脑炎病例有传染性；病羊四肢强直或昏睡，呻吟，但未接触过油漆、染料，以及铅矿、铅冶炼厂废气、废水
羊脑多头蚴病	二者均表现体温不高和走路蹒跚、转圈	羊脑多头蚴病病例不因接触铅化物而发病，发病后仍有食欲，无肌肉抽搐，感觉过敏等症状
羊狂犬病	二者均表现咩叫，口吐白沫，肌肉震颤，步态蹒跚，视力障碍，瞳孔散大，腹痛	羊狂犬病病例因本地有狂犬病犬而被传染发病；体温稍高（39~41℃），不断咩叫以致嘶哑，流涎较多；不因接触铅化物而发病
羊菜籽饼中毒（神经型、消化型）	二者均表现狂躁不安，昂头，视力障碍，腹泻或便秘	羊菜籽饼中毒病例因长期饲喂菜籽饼而发病；常表现为泌尿型（血红蛋白尿和尿落地起泡沫）、神经型（视力障碍、狂躁）、呼吸型（肺水肿、肺气肿）、消化型（沉郁、减食、瘤胃蠕动弱、腹泻或便秘），病中常一种或数种类型同时存在

预防措施

防止羊吃含铅的饲料（服用少量硫酸镁可起预防作用），不让羊吃公路边的草，不在铅矿山、铅冶炼厂附近放牧，不用油漆用具，以防止羊铅中毒。

对病羊可用如下治疗方法：

1）用 10% 硫酸镁或硫酸钠洗胃。

2）用葡萄糖酸钙 10~20 毫升静脉注射，每天 1~2 次，连用 2~3 天，可降低血铅含量。

3）用二巯丙醇（按每千克体重 2.5 毫克）配成 10% 溶液静脉注射，4 小时 1 次，连用 2 天。

4）慢性铅中毒，用乙二胺四乙酸二钠钙（按每千克体重 110 毫克）配成 12.5% 溶液或溶于 100~500 毫升含糖盐水中静脉注射，每天 2 次，4 次为 1 个疗程。

5）用樟脑磺酸钠 5~10 毫升、维生素 C 4~8 毫升、复合维生素 B 4~8 毫升皮下注射。

五、羊磷化锌中毒

人们常用磷化锌拌食饵灭鼠、灭蚤，被羊误食。中毒致死量为每千克体重 20~40 毫克。

（1）**急性型** 病羊沉郁发呆，体温正常或偏低，食欲、反刍逐渐停止（有的瘤胃臌气），结膜苍白，口腔黏膜蓝紫、糜烂，口吐白沫，呼吸困难，心跳减慢。末期全身痉挛，继而麻痹卧地不起，4~48 小时死亡。

（2）**慢性型** 病羊全身虚弱，打战，呼吸困难，眩晕。

剖检可见胃内有毒饵（玉米），在暗处可呈现磷光，并有大蒜味；黏膜呈黑红色坏死脱落，小肠大量出血；心肌瘀血、坏死（图 5-11）；肝脏有大面积变质、坏死及白色点（图 5-12）；肾脏组织坏死、变性（图 5-13）；肺瘀血、肿大，气管充满泡沫。

图 5-11 病羊心肌瘀血、坏死

图 5-12 病羊肝脏有大面积变质、坏死及白色点

图 5-13 病羊肾脏组织坏死、变性

病名	与羊磷化锌中毒的相似点	与羊磷化锌中毒的不同点
羊低镁血症	二者均表现倒地痉挛、抽搐、口吐白沫	羊低镁血症病例因吃雨后草而发病；血镁低
羊硝酸铵中毒	二者均表现口腔黏膜糜烂、脱落，口流涎，全身痉挛	羊硝酸铵中毒病例因误服硝酸铵而发病；呻吟，吞咽困难，多尿，胀气，肠内容物有氨味
羊食盐中毒	二者均表现口流白沫，呼吸困难；胃肠出血、黏膜脱落	羊食盐中毒病例因吃了含盐过多的食物而发病；兴奋、盲目行走，眼结膜发绀、瞳孔散大；血检可见血清含氯化钠超量

预防措施

放置毒饵必须防止羊吃食。牧区放毒饵，应注意安全。

治疗方法

对病羊抓紧治疗。

1）用 0.05% 高锰酸钾液洗胃，而后灌服 0.5% 硫酸铜 5~10 毫升，每 30 分钟 1 次，直至呕吐为止（也可使磷化锌变成无毒的磷化铜而解毒）。

2）用液状石蜡 100~200 毫升，加生理盐水 1000 毫升灌服以促泻。

3）用 50% 葡萄糖 50~100 毫升、含糖盐水 250~500 毫升、5% 磷酸氢钠 50~100 毫升、樟脑磺酸钠 5~10 毫升静脉注射。

六、羊亚硝酸盐中毒

羊亚硝酸盐中毒，是由于饲料富含硝酸盐，在饲喂前的调制中或采食后的瘤胃内产生大量的亚硝酸盐，造成高铁血红蛋白血症，导致组织缺氧而引起中毒。

病因分析

富含硝酸盐的饲料，有甜菜、萝卜、马铃薯、白菜、油菜、牧草、野菜、作物秧苗等。硝酸盐还原菌广泛存在于自然界和羊的瘤胃内。一般温度在 20~40℃ 时该菌生长繁殖活跃。因此，当上述富含硝酸盐的饲料经日晒雨淋或堆垛存放而腐烂发热时，以及用温水浸泡、残热久放时，会产生大量的亚硝酸盐，羊食用了这种饲料后可引起中毒。

（1）**急性中毒** 病羊表现沉郁，流涎，呕吐，腹痛，腹泻，脱水，眼结膜发绀（图 5-14），体温正常或低下，呼吸困难，心跳加快，肌肉震颤，步态蹒跚。很快卧地不起，四肢划动，全身痉挛，挣扎而死。有些病例突然死亡，无任何症状。

（2）**慢性中毒** 病羊表现为前胃弛缓，腹泻，跛行，抵抗力降低，甲状腺肿大。母羊流产或分娩无力，受胎率低。

病理
变化

血液呈暗褐色或酱油色，血凝不良。胃肠黏膜充血、出血，易于脱落；肺水肿，心内外膜有出血点，肝脏肿大（图 5-15、图 5-16）。

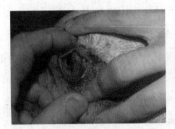 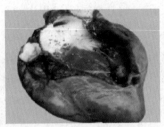 

图 5-14 病羊眼结膜发绀　　图 5-15 病羊心内膜有出血点　　图 5-16 病羊肝脏肿大

类症
鉴别

病名	与羊亚硝酸盐中毒的相似点	与羊亚硝酸盐中毒的不同点
羊氢氰酸中毒	二者均有流涎，腹痛，气胀，呼吸困难，抽搐；血液凝固不良，胃肠黏膜充血、出血，肺水肿	羊氢氰酸中毒病例因吃了含氰苷的新苗叶、核仁而发病；结膜鲜红，瞳孔散大；剖检可见气管充血、出血，口腔有血色泡沫
羊马铃薯中毒	二者均表现食欲减退，流涎，呕吐，腹泻	羊马铃薯中毒病例因吃发芽、腐烂的马铃薯或其茎叶发病；腹胀疝痛，黏膜苍白，贫血，血尿

预防
措施

不喂腐烂的白菜、甜菜等富含硝酸盐的饲料。这些饲料堆放及喂前处理时，不能久热浸焖。

治疗
方法

发现中毒后，立即灌以特效解毒药。1% 亚甲蓝液按每千克体重 8 毫克，静脉注射，必要时可重复应用 1 次。如果没有亚甲蓝，用 5% 维生素 C 注射液，用量为60~100 毫升，肌内注射或静脉注射。在用上述特效药的同时，用 0.1% 高锰酸钾洗胃或灌服并辅以葡萄糖注射液静脉注射。

七、羊氢氰酸中毒

羊氢氰酸中毒是由于羊采食了含有氰苷的植物或误食氰化物，在胃内经酶水解和胃酸的作用，产生游离的氢氰酸而发生中毒。

病因分析　高粱幼苗、玉米幼苗、木薯、亚麻、豌豆、蚕豆、三叶草等植物，含有较多的氢氰酸的衍生物，羊如果大量采食，即可引起中毒。另外，羊误食了氰化物污染的饲料或饮水，也可引起中毒。

临床症状　病羊突然发病，通常在采食过程中或采食后半小时左右出现症状。站立不稳，呻吟苦闷，表现不安。流涎，呕吐。可视黏膜潮红，血液鲜红。呼吸极度困难，抬头伸颈，张口喘气，呼出气有苦杏仁味。肌肉痉挛，全身或局部出汗，体温正常或低下。以后则精神沉郁，全身衰弱无力，卧地不起。眼结膜发绀（图5-17），血液暗红，瞳孔散大，眼球震颤。皮肤感觉减退，脉搏细数无力，全身抽搐，很快因窒息而死亡。病程很短，一般不超过2小时，最快者3~5分钟死亡。

病理变化　病死羊尸体不易腐败，切开时见血色鲜红，凝固不良（图5-18）；口腔内有血色泡沫，胃肠黏膜充血、出血；气管、支气管及喉头的黏膜有出血点，肺充血或出血。

图 5-17　病羊眼结膜发绀

图 5-18　病羊血液呈鲜红色，凝固不良

类症鉴别

病名	与羊氢氰酸中毒的相似点	与羊氢氰酸中毒的不同点
羊亚硝酸盐中毒	二者均有流涎，腹痛，气胀，呼吸困难，最后抽搐；血液凝固不良，胃肠黏膜出血，肺水肿	羊亚硝酸盐中毒病例因吃了腐熟青饲料发病，结膜发绀，下痢有血，血液呈酱褐色；取血于试管振荡，血仍呈暗褐色

病名	与羊氢氰酸中毒的相似点	与羊氢氰酸中毒的不同点
羊尿素中毒	二者均有不安，步态不稳，流涎，腹痛，气胀，呼吸困难，瞳孔散大，衰弱；胃肠充血、出血	羊尿素中毒病例因吃尿素或含氮化肥而发病；全身颤抖，反复强直性痉挛，眼球颤动，口吐白沫；剖检可见胃肠黏膜糜烂、有溃疡，内容物有氨味，血氨在 8 毫克/升以上
羊蓖麻中毒	二者均表现腹痛，气胀，心跳、呼吸加速，呼吸困难，结膜充血，瞳孔散大	羊蓖麻中毒病例因吃蓖麻叶、籽、饼而发病；肌肉震颤，自后肢向颈发展，耳、鼻、四肢下端发凉，吃蓖麻籽则排稀水或血便；取检材做试验，水浴中煮沸由蓝变绿
羊马铃薯中毒（胃肠型）	二者均表现食欲废绝，流涎，呕吐，腹痛，下痢	羊马铃薯中毒病例因吃霉烂、发芽马铃薯或茎叶而发病；口有溃疡，黏膜苍白，贫血；用残渣实验室处理，出现赤色或橙黄色

预防措施　　禁用高粱幼苗和玉米幼苗等富含氰苷类的植物喂羊，如用亚麻籽饼做饲料时，必须彻底煮沸，且喂量不宜过多，同时搭配其他饲料，防止误食氰化物农药。

治疗方法　　发现羊中毒后立即应用特效解毒剂，用亚硝酸钠、亚甲蓝或硫代硫酸钠等解救。1% 亚硝酸钠液、1% 亚甲蓝液和 10% 硫代硫酸钠液，均以每千克体重 1 毫升，静脉注射。

在抢救氢氰酸中毒病羊时，最好先静脉注射 1% 亚硝酸钠液，经 2~3 分钟后再静脉注射 10% 硫代硫酸钠液。如无亚硝酸钠，可用亚甲蓝液代替。为阻止胃肠内氢氰酸的吸收，可向瘤胃内注入硫代硫酸钠 30 克。也可用 0.1% 高锰酸钾液或 3% 过氧化氢液洗胃。

八、羊尿素中毒

尿素是一种优良的含氮肥料。羊瘤胃内的微生物可将尿素或铵盐中的非蛋白氮转化为氨基酸及合成蛋白质。人们利用尿素或铵盐加入日粮中以补充蛋白质来饲喂羊。但补饲不当或过量即可发生中毒。以神经系统和呼吸系统症状为主要特征。

病因分析　　（1）添加过量　在饲料中添加尿素时，超过了规定用量。根据试验，如给绵羊灌服尿素 8 克，即可引起死亡。

（2）**饲喂方法不当** 如混于水中、青贮饲料撒布不匀、喂后立即饮水、突然饲喂等，均可造成尿素中毒。

（3）**饲料中无氮浸出物、蛋白质等营养物质含量不足** 当饲料缺乏碳水化合物、蛋白质或过于单调，不能保证羊瘤胃中微生物生命活动的需要，微生物的繁殖受到影响，此时饲喂尿素的量即使正常，也有发生中毒的可能。

临床症状
当羊只吃下过量尿素时，经过15~45分钟即可出现中毒症状。其表现为不安、肌肉颤抖、呻吟，不久动作协调性紊乱，步态不稳，卧地。急性情况下，反复发作强直性痉挛，眼球颤动，呼吸困难，鼻翼扇动；心音增强，脉搏快而弱，多汗，皮温不均。继续发展则口流泡沫状唾液，臌胀，腹痛，反刍及瘤胃蠕动停止。最后，肛门松弛，瞳孔放大，窒息而死。

病理变化
尸体迅速变暗。消化道严重受到损害；可见胃肠黏膜充血、出血、糜烂，甚至有溃疡形成（图5-19）；胃肠内容物为白色或红褐色，带有氨味；瘤胃内容物干燥，与生前瘤胃液体过多呈鲜明对比；肝脏肿大，含血量多，质地变脆，胆囊扩张，充满胆汁（图5-20、图5-21）；心外膜有小出血点，内脏有严重出血，肾脏发炎且有出血。

图5-19 病羊瘤胃黏膜出血　　图5-20 病羊肝脏肿大，含血量多　　图5-21 病羊胆囊扩张

类症鉴别

病名	与羊尿素中毒的相似点	与羊尿素中毒的不同点
羊食盐中毒	二者均有兴奋不安，呼吸困难，口流泡沫液体，阵发痉挛，瞳孔散大，最后昏睡至死；胃肠膜黏膜充血、出血	羊食盐中毒病例因吃食腌菜水而发病；盲目行走，后肢拖地；血检氯化钠超过正常标准
羊氢氰酸中毒	二者均有兴奋不安，呼吸困难，口流泡沫液体，阵发痉挛，瞳孔散大，最后昏睡至死；胃肠膜黏膜充血、出血	羊氢氰酸中毒病例因吃含氰苷食物而发病；倒地抽搐而死，结膜鲜红，剖检可见血液鲜红、凝固不良，试验滤纸呈现蓝或蓝绿色

预防措施

在饲用各种含氮补饲物时，应遵守以下原则：必须将补饲物同饲料充分混合均匀；用量不超过日粮干物质总量的 1%，而且必须使羊只有一个逐渐习惯于采食补饲物的过程，因此在开始时应少喂，于 10~15 天达到标准规定量。如果饲喂过程中断，在下次补喂时，仍应使羊只有一个逐渐适应的过程。不能单纯喂给含氮补饲物（粉末或颗粒），也不能混于饮水中给予，应先将尿素溶于少量水中，然后充分拌入料或草中，将日粮分散在全天饲喂。每次喂尿素后 1 小时内不要饮水。禁止给哺乳羔羊饲喂尿素。因为羔羊瘤胃及其中的微生物均不发达，不能将氨合成氨基酸，同时，羔羊所吮乳汁直接进入皱胃，喂给尿素易引起中毒。

治疗方法

在中毒初期，为了控制尿素继续分解，中和瘤胃中所生成的氨，应该灌服 0.5% 的食用醋 200~300 毫升，或者灌给同样浓度的稀盐酸或乳酸。还可灌服 1% 醋酸 200 毫升、糖 100~200 克加水 300 毫升，可获得良好效果。

臌气严重时，可施行瘤胃穿刺术。如臌胀不是很严重时，在投服泻剂时加入兴奋瘤胃蠕动和制酵的药物。

对症治疗，用苯巴比妥以抑制痉挛，静脉注射硫代硫酸钠以利解毒。

九、羊黄曲霉毒素中毒

病因分析

羊黄曲霉毒素中毒是因羊食用了被黄曲霉菌污染的饲草、饲料而引起的，玉米、黄豆及其副产品保管不善，被黄曲霉污染，霉菌繁殖并产生大量的黄曲霉毒素，羊食用了这种饲料后而中毒发病。

临床症状

病羊食欲减退，增重缓慢。腹泻、下痢，粪便呈黏液样混有血液。常伴有角膜混浊，甚至失明。精神沉郁，反应迟钝，食欲、反刍减少或废绝。瘤胃臌胀，贫血，消瘦，妊娠羊流产。

病理变化

剖检特征性的病变是霉菌结节病灶，病变常发生于呼吸系统，肺有霉菌病灶，质地坚硬，呈黄色或灰白色，切面有分层结构，中心为干酪样坏死组织；在心脏、肝脏、肾脏、腹膜及肠管浆膜上也有霉菌结节病灶；肝脏肿大、色浅、有出血斑点和坏死点（图 5-22）。

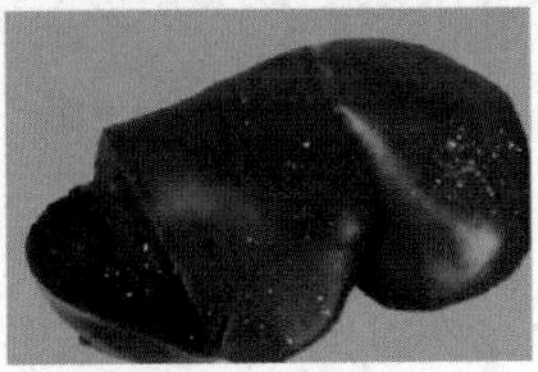

图 5-22　病羊肝脏肿大，有白色坏死点

病名	与羊黄曲霉毒素中毒的相似点	与羊黄曲霉毒素中毒的不同点
羊前胃弛缓	二者均表现吃草、反刍减少或废绝，瘤胃蠕动弱，磨牙	羊前胃弛缓病例不出现间歇性腹泻、里急后重、脱肛现象，没有采食含有黄曲霉的饲料
羊球虫病	二者均表现下痢，里急后重，消瘦	羊球虫病病例发病时体温不高，1 周后即升至 40~41℃，粪中有血液呈黑色，慢性病例在病后 3~5 天逐渐好转，但下痢、贫血仍继续存在，直肠黏膜刮取物可检出虫卵

预防措施

不喂发霉饲料。为了防止饲料霉败，收获时应及时干燥，贮存时也应通风干燥。同时可采用福尔马林熏蒸消毒料库，以防霉败。

治疗方法

无特效解毒药。使用下列药物，有一定效果。

1）硫酸镁，用量为 500 克，加足量水 1 次灌服。

2）25% 葡萄糖液 500 毫升、20% 葡萄糖酸钙 500 毫升、维生素 C 50 毫升，1 次静脉注射。

十、羊棉籽饼中毒

棉籽饼含有 25%~40% 蛋白质，如不做去毒处理而长期饲喂或饲喂过量即能引起中毒。以呼吸困难，后肢软弱，畏光流泪，便血、尿血为特征。

病因分析

棉籽、棉叶含有的棉酚是细胞毒、血液毒和神经毒，每天喂棉籽饼 1.5 千克持续 30 天即出现症状和死亡。

临床症状

（1）**轻度中毒** 病羊食欲不振，低头拱背，粪球干小，妊娠羊流产。

（2）**中度中毒** 病羊呼吸困难，腹式呼吸，听诊肺有啰音。体温升高，喜卧阴凉处，毛乱，后肢软弱。畏光流泪，甚至失明。

（3）**重度中毒** 病羊兴奋不安，战栗，呼吸急促。食欲废绝，下痢带血。排尿困难，尿血。2~4 天死亡。

（4）**慢性中毒** 吃草、反刍减少或废绝，渴欲增加，每分钟心跳 70~100 次、呼吸 40~50 次。排尿时间长并不安，尿细如缕，血尿。

病理
变化
　　剖检可见胸腹腔、心包积液，肝脏肿大、质脆、呈土黄色，有带状出血；肺充血、水肿；胃肠黏膜出血；肾脏肿大，表面颜色变浅灰色，有散在出血点（图 5-23、图 5-24）；肾脏内和膀胱内有结石；心肌松软，心内外膜有出血点；膀胱充血，有出血点。

图 5-23　病羊肾脏表面有出血点　　　图 5-24　病羊肾脏表面呈浅灰色变质

类症
鉴别

病名	与羊棉籽饼中毒的相似点	与羊棉籽饼中毒的不同点
羊泰勒焦虫病	二者均表现呼吸、心跳增多，虚弱，血尿	羊泰勒焦虫病的病原为泰勒焦虫，由蜱传播；病羊体温升高达 41~42℃，黏膜苍白，黄疸；血检可见细胞内有泰勒焦虫
羊瘤胃积食	二者均表现食欲、反刍减少或废绝	羊瘤胃积食病例是因饲养管理不当，采食大量粗硬劣质难消化的饲料，如麦草、甘薯藤、花生蔓、玉米秸、豆秸等，或采食大量易膨胀的饲料所致；没有大量采食棉籽饼的历史
羊前胃弛缓	二者均表现食欲减退或废绝，反刍停止或迟缓，瘤胃蠕动音减弱，初便秘后腹泻	羊前胃弛缓病例是因长期饲喂粗硬劣质难以消化的饲料，或突然变换饲料所致，没有大量而长期饲喂棉籽和棉籽饼的历史；瘤胃积食程度较轻，不太硬，多呈捏粉样或柔软状

预防
措施
　　施用棉籽饼喂羊前，应将棉籽饼加 10% 大麦粉煮 1 小时后再喂，或用 0.1%~0.2% 硫酸亚铁液浸泡 4~6 小时，然后用水洗净药液后饲喂。喂量不可超过饲料总量的 20%。喂几周后应停喂 1 周后再喂。

治疗
方法
对病羊治疗可用下列方法：
1）用 0.2% 高锰酸钾液洗胃或灌肠。

2）用硫酸亚铁 2~3 克、鱼肝油 2~3 丸内服，12 小时 1 次。同时用 5% 氯化钙 20~40 毫升、40% 乌洛托品 10~20 毫升、50% 葡萄糖 40 毫升、10% 安钠咖 2~4 毫升静脉注射，每天 1 次，效果更好。

3）用樟脑磺酸钠 2~4 毫升、维生素 C 2~4 毫升、复合维生素 B 2~4 毫升皮下注射，每天 1 次。

十一、羊菜籽饼中毒

病因分析

本病的发生是由于羊只突然大量饲喂未减毒的菜籽饼，或长时间饲喂未去毒处理的菜籽饼引起。

菜籽饼有毒成分为芥子苷或硫葡萄糖苷，其本身无毒性，在一定条件下受芥子酶的催化水解，可产生有毒的异硫氰酸酯、噁唑烷硫酮等。菜籽饼的含毒量由油菜品种、加工方法和土壤中含硫量而定。一般来说，芥菜型品种含异硫氰酸酯较高，甘蓝型品种含噁唑烷硫酮较高，白菜型品种则两种毒素的含量均较高。当饲料中菜籽饼的量大或饲喂时间长都可引起中毒，尤其是发霉的菜籽饼危险性更大。

临床症状

病羊主要表现为食欲下降，瘤胃蠕动无力，反刍减弱或停止，轻度臌气，排尿次数增多，尿呈浅红色，并有大量泡沫，有的有腹泻和便秘症状，粪中混有血液。妊娠母羊流产，个别羊只体温升高，视力下降，甚至失明。羊只死亡前，全身体表无毛处呈紫黑色，口吐白沫。

病理变化

剖检可见胃肠黏膜出血、坏死，瘤胃黏膜表层很容易剥离；小肠浆膜下出血；肺出血和水肿；肾脏点状出血；肝脏肿大。其他脏器无明显外观变化。

类症鉴别

病名	与羊菜籽饼中毒的相似点	与羊菜籽饼中毒的不同点
羊黑斑病红薯中毒	二者均表现呼吸加快、困难，张口呼吸，皮下出现气肿，绝食	羊黑斑病红薯中毒病例因采食黑斑病红薯和秧苗及其加工副产品而发病；不出现视力障碍、血红蛋白尿及过敏擦痒现象

病名	与羊菜籽饼中毒的相似点	与羊菜籽饼中毒的不同点
羊铅中毒	二者均表现精神沉郁，厌食，流涎，呼吸加快，腹泻	羊铅中毒病例有采食油漆或其他含铅物质的饲草、饲料的经历；步态蹒跚、转圈，兴奋时肌肉痉挛，抽搐，关节僵硬，牙关紧闭，眼球转动，病后期全身麻痹，陷于昏睡，红细胞减少
羊钩端螺旋体病	二者均表现厌食，血红蛋白尿，黏膜黄染，皮肤有损伤	羊钩端螺旋体病病例没有采食菜籽饼的经历；病羊有高热（40~41℃），有传染性，皮肤下裂、坏死和溃疡；用酶联免疫吸附试验呈阳性
羊无浆体病	二者均表现黏膜苍白，黄疸，腹泻	羊无浆体病病例有传染性，体温升高（40~41.5℃），眼睑、咽喉、颈部水肿，流涎，流泪；体表淋巴结肿大，血稀，血检可见红细胞边缘有无浆体
羊铜中毒	二者均表现厌食，沉郁，流涎，腹痛、腹泻，呼吸困难，黄疸，血红蛋白尿	羊铜中毒病例未采食菜籽饼，因采食超量的含铜化合物而发病；急性病例急剧腹痛，惊厥麻痹；慢性中毒时，气喘，呼吸困难，休克；血检血铜升高

1）用菜籽饼喂羊要限制用量，一般应占精料含量 20% 以下。

2）饲用前要进行脱毒处理。可用 0.5% 的石灰水，浸泡已按 0.25% 比例加入硫酸亚铁的棉籽饼 14 小时。饼和水的重量比为 1:（5~7），可使棉籽饼脱毒到致毒量以下。

（1）**洗胃**　用 0.2% 高锰酸钾液洗胃。洗胃后，灌服泻剂，如硫酸钠，用量为 30~100 克。

（2）**泻血**　采取静脉放血，泻血量为 200~300 毫升。

（3）**强心补液**　可用 50% 的葡萄糖注射液 50 毫升、生理盐水 500 毫升、安钠咖注射液 5~10 毫升，混合 1 次静脉注射。

十二、羊马铃薯中毒

羊马铃薯中毒是由于马铃薯块茎发芽（图 5-25）、腐烂和茎叶引起的中毒病。特征是神经机能紊乱和胃肠功能障碍。

图 5-25　发芽的马铃薯

图 5-26　病羊后肢麻痹，不能站立

图 5-27　病羊面部肿胀，流涎

病因分析

1）马铃薯的发芽部分、花茎叶均含龙葵素。

2）腐烂的马铃薯含有腐败毒素。

临床症状

（1）**神经型**　多呈急性，病羊兴奋狂暴或沉郁昏睡，痉挛或麻痹（图 5-26）。

（2）**胃肠型**　多呈慢性，病羊黏膜苍白，贫血。食欲减退或废绝，口有溃疡，流涎（图 5-27），呕吐，臌胀，疝痛，腹泻。体温达 40℃ 左右。重症 36~48 小时死亡，神经症状较轻或无，预后一般良好。

（3）**皮疹型**　病羊皮肤出现干性疹或水疱性皮炎，瘙痒（马铃薯疹），去势羊有包皮炎。

病理变化

黏膜苍白，血液暗黑，凝固不良，瘤胃有马铃薯残渣或茎叶；胃肠黏膜出血性炎。实质器官出血，肝脏肿大、瘀血。

类症鉴别

病名	与羊马铃薯中毒的相似点	与羊马铃薯中毒的不同点
羊链球菌病（胃肠型）	二者均表现食欲、反刍减少或废绝，口流涎，公羊包皮炎	羊链球菌病的病原为链球菌；病羊体温升高（41℃），结膜充血、有脓性眵，流脓性鼻液，颌下淋巴结肿大，磨牙，抽搐；血涂片镜检可见链球菌
羊亚硝酸盐中毒	二者均表现食欲减退，流涎，呕吐，腹泻	羊亚硝酸盐中毒病例因吃发酵腐熟青饲料而发病；呼吸困难，步态蹒跚，卧地时四肢划动；取胃内容物，经化验滤纸呈棕色
羊氢氰酸中毒（胃肠型）	二者均表现食欲废绝，流涎，呕吐，腹胀、腹痛，下痢	羊氢氰酸中毒病例因吃高粱、玉米幼苗或再生苗及含氰苷的树叶、核仁而发病；结膜鲜红，瞳孔散大，呼吸困难；用检材实验室处理滤纸出现蓝绿或蓝色
羊慢性铜中毒	二者均表现腹泻，卧地不起，贫血	羊慢性铜中毒病例因口服铜过量而发病；早期不显症状，中期沉郁、食欲减退，后期口渴，黏膜黄染；残渣处理后加亚铁氰化钾呈棕红色

避免用发芽、腐烂马铃薯或未成熟的茎叶喂羊。

治疗
方法

对于病羊，如为神经型，因病程短，难以抢救。如为胃肠型则应抓紧治疗。

1）用 0.2% 高锰酸钾液洗胃和 1% 醋酸液灌肠。

2）用硫酸钠或硫酸镁 50~100 克、液状石蜡 80~200 毫升、活性炭 30~50 克 1 次导服。

3）用磺胺脒 5~10 克、硅碳银 10~20 片、食母生（干酵母）20~50 片 1 次服用，12 小时 1 次。

4）如为皮疹型，用 10% 葡萄糖酸钙 20~30 毫升静脉注射。皮肤用复方水杨酸软膏涂擦。

十三、羊黑斑病甘薯中毒

患有黑斑病的甘薯（图 5-28）被羊吃后容易发生中毒。

病因
分析

黑斑病的病原主要是甘薯长喙壳菌，能产生甘薯酮、甘薯醇、甘薯宁等毒素。蒸煮不能破坏其毒性。吃了一定量有黑斑病的甘薯即可中毒。

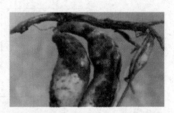

图 5-28　黑斑病甘薯

临床
症状

病羊体温达 39℃ 左右，吃草、反刍废绝，呼吸加快，每分钟可达 120 次，心跳也加快（可达 170 次）。呼吸困难，发出呻声。口有泡沫。粪变软常附有黏液，震颤。山羊还有咳嗽和流鼻液。有渴欲，拱背，站立不愿卧倒，卧倒不久即以腕关节着地而撑起，不能完全站立。死前长声哀鸣。

病理
变化

肺膨大、充血、瘀血，间质气肿，切面流大量泡沫，气管含有泡沫，肠系膜淋巴结肿大；胸腔有大量黄色液体；心脏有出血点，心包瘀血（图 5-29）；肝脏、肾脏、胆囊、小肠、直肠出血（图 5-30）。

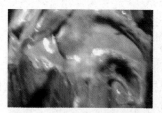 

图 5-29 病羊心脏肌膜有出血点　　图 5-30 病羊肾脏肿大、有出血点

类症鉴别

病名	与羊黑斑病甘薯中毒的相似点	与羊黑斑病甘薯中毒的不同点
羊草酸盐中毒	二者均表现心跳、呼吸加快，呼吸浅表而困难，口有泡沫	羊草酸盐中毒病例因吃了过多的盐生草或油树而发病；剖检可见瘤胃有盐生草或油树叶，黏膜水肿、出血、坏死，肾脏和尿道积聚有草酸结晶
羊菜籽饼中毒	二者均表现呼吸增数、困难，流涎，粪便带血	羊菜籽饼中毒病例有长期饲喂菜籽饼的饲养史；病羊有出血性败血症状，血液呈油漆状、凝固不全
羊支原体性肺炎	二者均表现呼吸困难，腹部扇动，呻吟，不愿卧下，胸部听诊有啰音	羊支原体性肺炎病例有传染性，体温升高达 40℃以上，呈稽留热，按压肋骨疼痛，痛性短咳；病的后期，心脏衰弱，前胸、腹下发生水肿，慢性病羊消瘦，常发干短的疼痛咳嗽
羊巴氏杆菌病	二者均表现精神沉郁，食欲废绝，呼吸困难，头颈前伸，肺部听诊有啰音	羊巴氏杆菌病病例有传染性，无气喘现象，体温升高达 41~42℃，肺炎型有痛性干咳，叩诊胸部，一侧或两侧有浊音区，或胸膜摩擦音；咽喉型，咽喉部肿胀；流涎水肿型，病羊胸前和头颈部水肿，重者波及腹下，肿胀硬固、热痛，无气肿

预防措施

　　对有黑斑病的甘薯（包括剔除的病块）不喂羊，如将剔除的病薯块晾晒，防止被羊偷吃。

治疗方法

　　1）用 0.2% 高锰酸钾洗胃。

　　2）用 50% 葡萄糖 40~80 毫升、含糖盐水 250~500 毫升、5% 碳酸氢钠 50~100 毫升、樟脑磺酸钠 5~10 毫升静脉注射。

第六章

羊营养代谢病的
鉴别诊断与防治

一、维生素 A 缺乏症

病因分析

1）饲料收割、加工、贮存不当，烈日暴晒饲料及存放过久、陈旧变质；长期饲喂维生素 A 缺乏的饲料，如棉籽饼、干燥的稻谷、马铃薯等，缺少青绿饲料；饲料中蛋白质含量减少，维生素 A 吸收率下降等，均可导致机体维生素 A 缺乏。

2）对维生素 A 或胡萝卜素的吸收、转化、贮存、利用发生障碍，是内源性（继发性）病因，如胆汁酸分泌不足，食物中脂肪含量过少等。

3）对维生素 A 的需要量增多，可引起维生素 A 相对缺乏。妊娠和哺乳期母羊及生长发育快速的羔羊，对维生素 A 的需要量增加；维生素 A 不能通过胎盘，羔羊更容易患本病，初乳中维生素 A 含量较高，是初生羔羊获得维生素 A 的唯一来源，母羊分娩后死亡，或吃不到初乳，羔羊容易发生维生素 A 缺乏症。长期腹泻，患热性疾病的羊，维生素 A 的排出和消耗增多。

4）饲养管理条件不良，羊舍污秽不洁、潮湿、寒冷、过度拥挤，通风不良，缺乏运动及阳光照射不足等因素都可诱导发病。

临床症状

病羊表现畏光，视力减退，在黎明、黄昏或月光下看不见物体（图 6-1），甚至完全失明。由于角膜增厚，结膜细胞萎缩，腺上皮机能减退，故不能保持眼皮湿润，而表现出眼干燥症。由于腺上皮分泌物减少，不能溶解侵入的微生物，更加重了炎症及软化过程。有时病变可涉及角膜深层。缺乏维生素 A 时，机体其他部位的上皮也会发生变化。例如，呼吸道和消化道黏膜上皮变性，分泌机能降低，易继发或并发传染病。成年羊维生素 A 缺乏时，身体并不消瘦，故患眼干燥症的羊，体况可能保持得很好。由于脑脊液压力升高，常激发唾液腺炎、副眼腺炎（图 6-2），有时出现阵发性痉挛，共济失调，后躯瘫痪。妊娠母羊往往流产、死产或产出体弱羔羊和先天性的失明羔羊，受胎率下降，公羊精液品质下降。

图 6-1　羔羊患夜盲症，傍晚走路不正常　　图 6-2　羔羊继发副眼腺炎，第三眼睑赘生凸出

类症鉴别

病名	与羊维生素 A 缺乏症的相似点	与羊维生素 A 缺乏症的不同点
羔羊青光眼	二者均表现盲目行走，不避障碍物和坑凹，易摔倒	羔羊青光眼病例眼球凸出，指压坚实，瞳孔散大，虽强光刺激也不缩小
羔羊先天性脑室水肿	二者均表现盲目行走，不避障碍物	羔羊先天性脑室水肿病例额凸出，眼眶小，眼球凸出，在阵发痉挛前，先收拢四肢，发抖，继而犬坐势，又突然起立向前冲，再倒地抽搐，白天也看不清障碍物

预防措施

1）患本病的羊，病情发展较快，一旦出现夜盲症、浮肿及神经症状，即使进行治疗效果也不佳，应早发现，早治疗。

2）注意改善饲养水平。配合日粮时，必须考虑维生素 A 的含量，每千克体重应供给胡萝卜素 0.1~0.4 毫克。特别是妊娠母羊，要重视供给青绿饲料，冬季要补充青干草、青贮料或胡萝卜。有条件可喂些发芽豆谷，适当运动，多晒太阳。

以补充富含维生素 A 及胡萝卜素的饲料为主，辅以药物治疗。

（1）补充维生素 A 及胡萝卜素 日粮中增加黄玉米、胡萝卜、鱼粉和三叶草等。

（2）药物治疗 在日粮中加入青饲料及鱼肝油，可迅速治愈。鱼肝油的口服剂量为 20~50 毫升。当消化机能紊乱时，可以皮下或肌内注射鱼肝油，用量为 5~10 毫升，分点注射，每隔 1~2 天 1 次。也可用维生素 A 注射液进行肌内注射，用量为 2.5 万 ~3 万单位。

二、维生素 B_1 缺乏症

维生素 B_1 缺乏症是由于饲料中维生素 B_1 不足或饲料中存在维生素 B_1 的拮抗物质而引起的一种营养缺乏病。主要发生于羔羊。

1）由于长期饲喂缺乏维生素 B_1 的饲料，体内维生素 B_1 合成障碍或某些因素影响其吸收和利用。

2）初生羔羊瘤胃还不具备合成能力，仍需从母乳或饲料中摄取。

3）日粮中含有抗维生素 B_1 物质，如羊采食羊齿类植物（蕨菜、问荆或木贼）过多，因其中含有大量的硫胺酶，可使维生素 B_1 受到破坏。

4）长期大量应用抗生素，可抑制体内细菌合成维生素 B_1。

成年羊无明显症状，体温、呼吸正常，心跳缓慢，体重减轻，腹泻和排干粪球交替发生，粪球表面有一层黏液，常呈串珠状。病羔羊有明显的神经症状，主要表现为共济失调，步态不稳，有时转圈，无目的地乱撞，行走时摇摆，常发生强直性痉挛和惊厥，周期性抽搐，颈歪斜，呈僵硬状（图 6-3、图 6-4）。

剖检可见尸体消瘦、脱水，头向后仰；肝脏呈土黄条纹；胆囊肿大、充盈；胆汁浓稠；胸腔中有大量浅绿色渗出液，肠黏膜脱落，肠壁菲薄，有出血现象；心肌松软，心冠有出血点，右心室扩张，心包积液；脑灰质软化，有出血点及坏死灶。

图 6-3 病羊四肢伸直，头向后侧
弯曲

图 6-4 病羊发病后期侧卧，抑郁，
周期性抽搐

类症鉴别

病名	与羊维生素 B₁ 缺乏症的相似点	与羊维生素 B₁ 缺乏症的不同点
羊蕨中毒	二者均表现痉挛，角弓反张，下痢	羊蕨中毒病例因采食过量的蕨而发病，眼失明，前房出血，瞳孔散大

防治措施

发病地区多处高寒，环境恶劣，加之饲养管理不当，饲料单一是引发本病的主要原因。若羊产仔多，低水平饲养条件下母乳不能满足羔羊的营养需要，而且羔羊生长速度快，如果摄入维生素不足，就可使羔羊生长发育迟缓甚至死亡，使养殖业遭受损失。所以加强饲养管理，保证羔羊饲料营养充足，在精料中按正常量补加维生素、微量元素，加喂适量食盐，能有效预防本病的发生。

三、羊佝偻病

羊佝偻病是羔羊在生长发育过程中由于维生素 D 及钙、磷缺乏或饲料中钙、磷比例失调所导致的一种骨营养不良性代谢病。临床特征是病羊消化机能紊乱，异食癖，跛行及骨骼变形。绵羊羔和山羊羔均可发生。

病因分析

先天性佝偻病，主要是由于妊娠母羊矿物质（钙、磷）或维生素 D 缺乏，影响了胎儿骨组织的正常发育。后天性佝偻病，有以下原因：

1）饲料中维生素 D 的含量不足或日光照射不足，导致羔羊体内维生素 D 缺乏，直接影响钙、磷吸收和血中钙、磷的平衡。

2）母乳不足，羔羊不能从乳中获得充足的钙、磷和维生素 D。

3）维生素 D 能满足机体的需要，但母乳及饲料中钙、磷缺乏或比例不当，以至多原因的营养不良，均可诱发本病。

（1）**先天性佝偻病**　羔羊出生后衰弱无力，经数天仍不能自行站立，骨骼发育异常。

（2）**后天性佝偻病**　羔羊发病缓慢，早期呈现食欲减退，消化不良，精神沉郁，然后出现异食癖。疾病继续发展时，病羊经常卧地，不愿起立和运动，发育停滞，消瘦，下颌骨增厚和变软，出牙期延长，齿形不规则，齿质钙化不足（坑洼不平，有沟，有色素），常排列不整齐，齿面易磨损，不平整。症状严重的羔羊，口腔不能闭合，舌凸出，流涎，吃食困难。最后在面骨、下颌骨及躯干、四肢骨骼出现变形，有时伴有咳嗽、腹泻、呼吸困难和贫血。

羔羊低头，拱背，站立时前肢腕关节屈曲，向前方外侧凸出，呈内弧形，肢体球节向内，后肢跗关节内收，呈"八"字形叉开站立，步态僵硬（图6-5、图6-6）。腕关节、跗关节和肋骨软骨联合部肿胀最明显，称串珠状肿（图6-7）。严重时躺卧不起。

图6-5　羔羊表现为向内的肢体球节　　图6-6　病羊显著向外弯曲的前肢腕骨　　图6-7　病羊腕关节明显肿大

剖检可见长骨发生变形，但无显著眼观病变。股骨、胫骨末端及肋骨在显微镜下检查，发现骨骺板和关节软骨撕裂，有些骨骺板弯曲进入骨骺；大小不同的软骨细胞形成长柱，由骨骺板凸入骺端，或处于骨骺板下方，与骨骺板分离。

病名	与羊佝偻病的相似点	与羊佝偻病的不同点
羔羊先天性屈健挛缩症	二者均表现运步缓慢、艰难，步态不稳	羔羊先天性屈健挛缩症病例球关节及冠关节屈曲不能伸展，蹄尖着地

病名	与羊佝偻病的相似点	与羊佝偻病的不同点
羔羊风湿症	二者均表现运步艰难，好卧	羔羊风湿症病例站立时不出现肢体弯曲变形，在运动中初强拘、跛行，持续运动逐渐减轻或消失，休息后再运动又强拘、跛行
羔羊脓毒败血症	二者均表现运步不正常，跛行	羔羊脓毒败血症病例体温高（40~41℃），关节肿大，有热痛；关节液镜检有链球菌
羔羊碘缺乏症	二者均表现精神不活泼，腕关节弯曲，四肢骨骼变形	羔羊碘缺乏症病例站立困难，甚至腕关节着地，皮肤干燥、增厚，粗糙，甲状腺肿大
羔羊锰缺乏症	二者均表现腕关节弯曲，运动障碍	羔羊锰缺乏症病例骨骼变形，前肢粗短弯曲，关节麻痹，肌肉震颤乃至痉挛收缩，咩叫
羔羊慢性变形性跗关节炎	二者均表现开始运动时跛行较重，随着运动继续，跛行减轻或消失，经休息后再运动又显跛行	羔羊慢性变形性跗关节炎病例多在跗关节内侧有骨赘，站立时关节屈曲，蹄尖着地，运动关节屈曲不全

预防措施

加强妊娠母羊的饲养管理，供给充足的青绿饲料和青干草，补喂骨粉，增加日照和运动时间。羔羊饲养更应注意，有条件的可饲喂苜蓿、沙打旺、胡萝卜等青绿饲料，并按需要量添加食盐、骨粉、各种微量元素等矿物质饲料。

治疗方法

首先将病羊置于适宜的环境中，保证给予充足的光照和运动。有效的治疗药物是维生素 D 制剂，如鱼肝油、浓缩维生素 D 油、鱼粉等。每克鱼肝油含维生素 D 不得少于 5000 单位，羔羊为 0.5~1.0 克，拌在饲料中。市售维生素 D_2 的植物油溶液（骨化醇）也可内服，预防量均为每千克体重 20~30 单位，治疗量为其 10~20 倍。补钙可用 10% 的葡萄糖酸钙注射液 5~10 毫升，1 次静脉注射。

四、羊低血镁症

低血镁症，又称青草搐搦症、缺镁痉挛症，是反刍动物常见的由于矿物质代谢障碍而发生的以兴奋、痉挛等神经症状为特征的疾病。多发生于夏季高温多雨时节，尤以产后处于泌乳盛期的母羊常见。

本病是由于极为复杂的无机物代谢异常,当动物大量采食含钾离子高的饲草饲料后,动物血液中钾离子增加,则抑制机体对镁离子的吸收,导致羊血镁降低。另外,日粮中含氮量高,羊采食后在瘤胃内可产生大量氨,氨与镁易形成不溶性的硫酸铵镁而使镁离子的吸收受阻,造成血镁过低,引起羊缺镁性痉挛。

本病多发生于夏季,高温多雨,青草生长旺盛,尤其是生长在低洼、多雨、施氮肥和钾肥多的青草,不仅含镁量很低,而且含钾或氮偏高,羊长时间放牧或长期饲喂这样的青草,就会造成血镁过低而发病。另外与绵羊相比,山羊的耐受性要低,发病率和死亡率要高于绵羊。

(1)**急性型** 病羊表现兴奋不安,突然倒地,头颈侧弯,牙关紧闭,口吐白沫,瞬膜外凸,心动过速,出现阵发性或强直性痉挛(图6-8),粪尿失禁。抢救不及时很快死亡。

(2)**慢性型** 走路缓慢,活动不便,后倒地,也可由急性转为慢性,最后常因全身肌肉抽搐使病情恶化而死亡。

图6-8 病羊头颈侧弯,牙关紧闭,口吐白沫,强直性痉挛

病名	与羊低血镁症的相似点	与羊低血镁症的不同点
羊先天性脑室水肿	二者均表现初生羔羊突然倒地,四肢痉挛,几分钟或十几分钟后又能自动起立,1天可发作3~4次,体温正常	羊先天性脑室水肿病例额凸出,眼眶小,眼球凸出,视力极差
羊癫痫	二者均表现体温正常,突然倒地,四肢抽搐,几分钟或十几分钟即恢复正常	羊癫痫病例年龄稍大,用硫酸镁注射后即能控制病情,不再发作

(1)**加强草场的管理** 对镁缺乏土壤应施用含镁化肥,当然其用量按土壤pH、镁缺乏程度和牧草种类而有所差别。同时要控制钾化肥施用量,防止破坏牧草中矿物质的镁、钾之间平衡。

(2)**加强放牧羊群的管理** 首先要对羊群补饲镁制剂,在放牧前1~2周内可往日粮中添加镁制剂补料,如在饮水和日粮中添加氯化镁、氧化镁和硫酸镁等,每只羊每天补饲量不超过12克为宜。近些年来,一些国家为预防本病发生,在瘤胃内放置镁缓释物,在一定时期内起到补充镁的作用。

治疗方法

1）注意对病羊加强护理，停喂缺镁饲草及日粮。将病羊置于安静、无过强光线和任何刺激的环境饲养。对不能站立而被迫横卧地上的病羊应多铺褥草，时时翻转卧位，并施行卧位按摩等措施，防止压疮发生。

2）针对病情补给镁和钙制剂有明显效果。用25%硫酸镁注射液40毫升、20%葡萄糖酸钙注射液50毫升1次缓慢静脉注射。

除上述药物治疗外，可针对心脏、肝脏、肠道机能紊乱等情况，给些对症疗法的药物，以强心、保肝和止泻等为主，必要时应用抗组胺剂进行治疗。

五、羊铜缺乏症

铜缺乏症是动物体内铜含量不足所致的一种重要营养代谢性疾病，又称为摇摆病，其临床特征为贫血、腹泻、运动失调和被毛褪色。本病在世界各地均有报道，常呈地方性流行，大群发生。绵羊和山羊是最为易感动物。

病因分析

（1）日粮铜缺乏　是引起羊机体缺铜的主要原因，由于生长在低铜土壤上的饲草或土壤中铜的可利用率低所致。一般认为，饲料中铜低于3毫克/千克即可引起发病，3~5毫克/千克为临界值，10毫克/千克以上能满足动物的需要。

（2）日粮中存在影响铜吸收的因素　当饲草、饲料中钼含量过多时，可妨碍铜的吸收和利用。饲料中锌、镉、铁、铅和硫酸盐等过多，影响铜的吸收，造成机体铜缺乏。饲草中植酸盐含量过高，可与铜形成稳定的复合物，降低动物对铜的吸收。饲料中的蛋氨酸、胱氨酸、硫酸钠、硫酸铵等含硫物质过多，经过瘤胃微生物的作用均可转化为硫化物。后者与钼共同形成一种难溶解的铜硫钼酸盐复合物，可降低铜的利用。

症状与病变

运动障碍是羔羊铜缺乏的主要症状，故又称为摆腰病。主要危害1~2月龄的羔羊。早期症状为两后肢呈八字形站立，驱赶时后肢运动失调，跗关节屈曲困难，球节着地，后躯摇摆，极易摔倒，快跑或转弯时更加明显；呼吸和心率随运动而显著增加。严重者做转圈运动，或呈犬坐姿势，后肢麻痹，卧地不起（图6-9），最后死于营养不良。羔羊随年龄增长，后躯麻痹症状可逐渐减轻。

绵羊铜缺乏时，被毛柔软，光滑，失去弯曲，黑毛颜色变浅。贫血是多种动物严

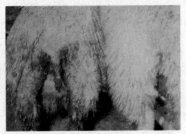

图 6-9 先天性背部凹陷（左边）的羔羊
由于大脑空洞而无法站立

图 6-10 羔羊慢性铜缺乏时出现持续性
腹泻

重长期缺铜的常见症状，发生于铜缺乏的后期。羔羊主要表现低色素小红细胞性贫血，而成年羊则呈巨红细胞性低色素性贫血。腹泻羊继发性铜缺乏的常见症状是粪便呈黄绿色或黑色水样，腹泻的严重程度与钼的摄入量成正比（图 6-10）。此外，母羊的发情表现常不明显，不孕或流产，奶羊产奶量下降，其羔羊生长不良。铜缺乏的特征病变是贫血和消瘦。骨骼的骨化推迟，易发骨折，严重时表现骨质疏松。地方性铜缺乏的最主要组织病变在小脑束和脊髓背外侧束的脱髓鞘。在少数严重病例中，脱髓鞘病变也可波及大脑，白质结构发生破坏，出现空洞。并且有脑积水、脑脊髓液增加和大脑回几乎消失等病理变化。肝脏、脾脏和肾脏有大量含铁血黄素沉着。

铜缺乏的初期体内铜的贮备大量消耗，但血液铜水平变化不明显，随着摄入的铜继续不足，血液铜水平逐渐下降。

类症
鉴别

病名	与羊铜缺乏症的相似点	与羊铜缺乏症的不同点
羊锰缺乏症	二者均表现关节增大，运动障碍	羊锰缺乏症病例（羔羊）骨骼畸形，关节麻痹，咩叫，肌肉震颤
羊碘缺乏症	二者均表现四肢运动障碍	羊碘缺乏症病例四肢弯曲变形，站立困难，皮肤干燥、增厚、粗糙，甲状腺肿大
羔羊佝偻病	二者均表现四肢运动障碍	羔羊佝偻病病例四肢弯曲如")（"形、"（）"形，关节不肿痛，不排泥炭样粪
羊营养性衰竭症	二者均表现消瘦，贫血，被毛粗乱	羊营养性衰竭症病例肌肉萎缩，显露骨架，关节不变形，也无疼痛，毛不褪色

（续）

病名	与羊铜缺乏症的相似点	与羊铜缺乏症的不同点
羊脑多头蚴病	二者均表现站立不稳，经常做转圈运动	羊脑多头蚴病的病原为脑多头蚴；病羊行走时头常倾于一侧，转圈时以木桩为中心，不哞叫，骨骼不变形，关节不畸形

1）日粮中添加硫酸铜，最低铜水平为 5 微克 / 克。

2）在妊娠中后期口服硫酸铜 1~1.5 克，每周 1 次，能预防羔羊铜缺乏症，也可在羔羊出生后口服铜制剂。

3）可用矿物质添加剂舔砖，适合羊的舔砖中硫酸铜的含量为 0.25%~0.5%。

4）经口投服含硒、铜、钴等微量元素的长效缓释丸，在瘤胃和网胃中缓慢释放微量元素。

5）可在饮水中添加硫酸铜，让羊自由饮用。

6）给低铜草地施用含铜肥料，每公顷 5.6 千克硫酸铜，能显著提高牧草中铜的含量。

治疗铜缺乏症比较简单，但如果神经系统和心肌受到严重损伤，病羊将不能完全康复。羊口服硫酸铜 1~2 克，每周 1 次，连用 3~5 周。在日粮中添加铜，使硫酸铜的水平达 25~30 微克 / 克，连喂 2 周效果显著。也可将矿物质添加剂舔砖中硫酸铜的水平提高至 3%~5%，让其自由舔食，或按 1% 剂量加入日粮饲喂羊。

六、羊锌缺乏症

锌缺乏症是由于饲草、饲料中锌含量过少而引起的一种微量元素缺乏症。其临床特征是生长发育受阻、皮肤角化不全、骨骼异常和繁殖机能障碍。

（1）**原发性锌缺乏**　主要是由于羊日粮中锌元素的含量低下所致，研究发现，当饲喂锌含量在 20~33 毫克 / 千克以下日粮时可出现本病。

（2）**继发性锌缺乏**　是由于饲喂的饲料中含有过多的钙或植酸钙镁等，阻碍羊机体对饲料中锌的吸收和利用，而发生锌缺乏症。

严重缺锌时，病羊皮肤角化不全（图6-11、图6-12），脱毛，尤以鼻端、尾尖、耳部、颈部损伤最为明显；趾间皮肤增殖，发生蹄病；繁殖机能紊乱，母羊发情延迟、不发情或发情配种不孕。

羔羊缺锌是发育不良。鼻镜、阴门、肛门、后肢和颈部等处皮肤易发生角化不全、瘙痒、干燥、皲裂、肥厚、弹性减退，四肢、阴囊、鼻孔周围、颈部等处的毛脱落，出现皱襞。后肢弯曲，关节肿胀、僵硬，四肢乏力，步态强拘。

公羊缺锌会引起精液量和精子减少，活力降低，性欲下降。

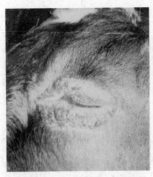 

图6-11 病羊眼睛周围出现角化 不全的痂皮　　　图6-12 病羊肢端皮肤角化不全，被毛脱落

剖检变化不明显，即使有也仅见病羊口腔、网胃、瓣胃和皱胃黏膜肥厚；网胃和皱胃角化，机能亢进；胆囊充满胆汁、膨大。皮肤组织学检查，角质层增生肥厚，颗粒层也增生，呈现角化不全等病变。其他特征性病变为表皮上有凸出的棘皮。

病名	与羊锌缺乏症的相似点	与羊锌缺乏症的不同点
羊痒病	二者均表现皮肤瘙痒、损伤，体温不高	羊痒病为病毒性传染病，病羊骨骼不变形，趾间皮肤不皲裂
羊湿疹	二者均表现皮肤瘙痒，皮肤损伤，体温不高	羊湿疹病例有红斑、丘疹、水疱、脓疱、糜烂、结痂、鳞屑等各期病程
羊无毛症	二者均表现局部脱毛，瘙痒	羊无毛症病例脱毛范围逐渐扩大，邻近的被毛一抹即脱；公、母羊性功能不紊乱；骨不变形

预防措施

1）在每吨饲料中加硫酸锌或碳酸锌 180 克饲喂。对饲养和放牧在锌缺乏地带的羊群，要将饲料中的钙含量严格控制在 0.5%~0.6%。同时，可在饲料中补加硫酸锌 25~50 毫克／千克混饲。

2）在饲喂新鲜的青绿牧草时，适量添加一些含不饱和脂肪酸的油类，如大豆油，对治疗和预防锌缺乏症都有较好的效果。

治疗方法

立即改换病羊的饲料。口服硫酸锌，剂量为每只羊 1 克，1 次内服，每周 1 次；羔羊可连续服用硫酸锌，剂量为 100 毫克／千克体重，连用 3~4 周。

七、羊食毛症

本病多见于哺乳羔羊，很少见于成年绵羊。有时也可见于山羊。在舍饲情况下，秋末春初容易发生。其临床特征是病羊喜欢啃食羊毛，常伴发臌气和腹痛，严重时可发生肠梗阻。

病因分析

主要由物质代谢障碍引起。一般认为母羊及羔羊饲料中营养成分不全，尤其是缺硫是发生食毛症的主要原因。成年绵羊可借助瘤胃微生物的作用，利用硫合成含硫氨基酸（胱氨酸、半胱氨酸和蛋氨酸），作为羊生长所需营养。当饲料中缺乏硫时，引起含硫氨基酸缺乏，羔羊从母羊奶中不能获得足够的含硫氨基酸，而且由于羔羊瘤胃的发育尚不完善，还没有合成氨基酸的功能，因此含硫氨基酸极度缺乏，以致引起吃羊毛的现象发生。

临床症状

羔羊突然啃咬母羊的毛，有时主要吃颈部和肩部的毛，有时专吃母羊腹部、后肢及尾部的脏毛；羔羊之间也可能互相啃咬被毛。有异食癖，喜食污粪或舔食土、塑料薄膜碎片等。

一般是晚间入圈时啃吃得比较厉害，早晨出圈时也可以看到吃羊毛的现象。起初只见少数羔羊吃毛，以后可迅速增多，甚至波及全群（图 6-13）。有时在很短几天内，就可见到把上述一些部位的毛拔净吃光，完全露出皮肤。有的羔羊的毛几乎全被吃光。吃下去的毛常在幽门部和肠道内彼此黏合，形成大小不同的毛球。其横

图 6-13　病羊因食毛、脱毛而使体表被毛大片缺失

径大于幽门或嵌入肠道，可使皱胃和肠道阻塞，羔羊发生消化不良或便秘，逐渐消瘦和贫血。引起食欲丧失、腹痛、胀气、腹膜炎等症状，最后心脏衰弱而死亡。

剖检可见皱胃内和幽门处有许多羊毛球，坚硬如石，甚至形成堵塞（图6-14）。

根据脱毛现象，以及发现大量吃毛现象时，容易诊断。但在诊断过程中，应该注意与佝偻病、异食癖或疥螨病进行区别诊断，因为这些疾病也可能造成食毛或个别羊体发生脱毛现象，严重疾病触摸瘤胃能摸到毛球。

图6-14　病羊食毛后在消化道内形成的毛球

病名	与羊食毛症的相似点	与羊食毛症的不同点
羊佝偻病	二者均表现营养不良，脱毛	羊佝偻病病例拱背，站立时前肢腕关节屈曲，步态僵硬；腕关节、跗关节和肋骨软骨联合部肿胀明显，称为串珠状肿；严重时躺卧不起
羊疥螨病	二者均表现营养不良，脱毛	羊疥螨病病例皮肤变厚皱缩，奇痒，显出疯狂擦痒，脱毛严重；眼睑肿胀，畏光，流泪；刮取病健交界处皮屑可见螨虫

主要在于改善饲养管理。对于母羊，饲料营养要完全，增加维生素或无机盐等微量元素；改换放牧地，并经常进行运动。对于羔羊，应供给富含蛋白质、维生素和矿物质的饲料，如青绿饲料、胡萝卜、甜菜和麸皮等，每天供给骨粉（5~10克）和食盐。近年来，用有机硫，尤其是蛋氨酸等含硫氨基酸防治本病，取得很好效果。

对病羊应注意清理胃肠，维持心脏机能，防止病情恶化，以灌肠通便为主。

1）便秘和消化紊乱的羊，给予泻剂，如液状石蜡或硫酸钠，也可用人工盐。

2）加强母羊和羔羊的饲养管理，供给多样化的饲料和钙丰富的饲料，如干草，尤其是干苜蓿。在精料中加入食盐和骨粉，补喂鱼肝油。同时保证病羊有一定的运动。

3）隔离吃毛的羔羊，只在吃奶时让其与母羊接近。给羔羊补喂动物性蛋白质，如每天一个鸡蛋（富含胱氨酸），连蛋壳捣碎，拌入饲料或奶中，有制止继续吃毛的作用。

4）可做皱胃切开术，取出毛球。若肠道已经发生坏死，或羔羊过于孱弱，不易治愈。

八、绵羊脱毛症

绵羊脱毛症是指在体表无寄生虫感染、皮肤无炎症时，毛乳头萎缩，被毛脱落，或被毛发育不全的总称。毛纤维正常脱落是一种经常性、正常的生理过程，受环境温度的改变而改变。脱毛可能与皮肤毛细血管供血和血液供给毛的营养物质质量有关。多数先天性脱毛羊只表皮细胞成分减少、无毛囊存在。后天性脱毛主要是由于毛囊被破坏，若毛囊尚未被完全破坏，毛纤维还会再生。

病因分析

（1）**先天性脱毛症** 羊的遗传性皮肤缺陷可导致先天性稀毛症、对称性脱毛、无毛羔羊和腺垂体发育不全等，这些羔羊的毛囊不能生长纤维；母羊在妊娠过程中，碘需求量增多，若饲料中碘含量不足或缺乏，母羊就会缺碘，则产出的羔羊将发生先天性甲状腺肿，表现羊毛稀疏或无毛。

（2）**后天性脱毛症** 某些疾病可以继发脱毛症，有肺炎、败血症和严重腹泻并伴有高热的病羊，偶见颈部、躯干和四肢等处发生大面积脱毛。因毛的再生部位损伤，又称再生性脱毛。各种外伤或因痒觉而于硬物上摩擦引起的皮肤损伤，形成瘢痕后破坏毛囊，称为瘢痕性脱毛；由于神经损伤而引起的脱毛，称为神经性脱毛。当发生银合欢中毒时，引起中毒性脱毛。

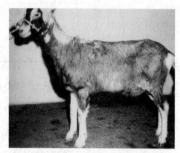

图 6-15　病羊体表被毛大面积脱落

由于毛乳头的营养失调、新陈代谢紊乱而引起的脱毛为代谢性脱毛，如饲喂羔羊的饲料中维生素 C 及微量元素碘、锌缺乏。

临床症状

羊体有时小片脱毛，有时为大面积脱毛。绵羊可以见到全身脱毛现象。一般都是先从颈侧开始，逐渐波及体侧、四肢以至全身（图 6-15、图 6-16）。先天性脱毛症多表现为脱毛部分的皮肤无光泽，也无炎症变化，仍然具有弹性，不痛不痒，查

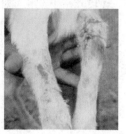

图 6-16　病羊啃咬损伤的腿部脱毛

不出皮肤表面有什么变化。后天性脱毛症，可以检查出原发病的特有变化。

类症
鉴别

病名	与绵羊脱毛症的相似点	与绵羊脱毛症的不同点
羊佝偻病	二者均表现营养不良，脱毛	羊佝偻病病例拱背，站立时前肢腕关节屈曲，步态僵硬；腕关节、跗关节和肋骨软骨联合部肿胀明显，称为串珠状肿；严重时躺卧不起
羊疥螨病	二者均表现营养不良，皮肤脱毛，皮屑结痂	羊疥螨病病例皮肤变厚皱缩，奇痒，显出疯狂擦痒；眼睑肿胀，畏光，流泪；刮取病健交界处皮屑可见螨虫
羊皮霉菌病	二者均表现营养不良，皮肤脱毛，皮屑结痂	羊皮霉菌病的病原为皮霉菌；病羊瘙痒，毛根镜检可见霉菌

防治
措施

对羊的脱毛不需要治疗，有些脱毛，在于加强饲养管理，改善全身机体状况，经过一段时间后，可以重新长出新的被毛。如欲治疗可用以下皮肤刺激药物，改善皮肤血液循环，以促进毛的生长。鱼石脂 10 克、酒精 50 毫升、蒸馏水 100 毫升，配成溶液，每天早、晚各涂擦 1 次；碘酊 1 毫升、樟脑酊 30 毫升，配成溶液，涂擦。

第七章

羊其他普通病的
鉴别诊断与防治

07

一、羊内科疾病

1. 口炎

羊的口炎是口腔黏膜表层和深层组织的炎症。在病理过程中，口腔黏膜和齿龈发炎，可使病羊采食和咀嚼困难，口流清涎，痛觉敏感性增高。临床常见单纯性局部炎症和继发性全身反应。

病因
分析

由于口炎的性质不同，病因也不同。

（1）**卡他性口炎** 是一种单纯性口炎，为口腔黏膜表层的轻度炎症。病因有机械性、物理性、化学性、有毒物质及传染性因素的刺激、侵害和影响所致，如采食粗硬、有芒刺或刚毛的饲料，或饲料中混有玻璃、铁丝等各种尖锐异物，或因灌服过热的药液、采食冰冻饲料或霉败饲料等均可导致口炎发生。此外，还常继发于咽炎、唾液腺炎、前胃疾病、胃炎、肝炎及某些维生素缺乏症。

（2）**水疱性口炎** 是以口腔黏膜上生成充满透明浆液性水疱为特征的炎症（图7-1）。主要的病因为饲养不当，采食了带有锈病菌、黑穗病菌的饲料、发芽的马铃薯，以及受细菌和病毒感染等。

（3）**溃疡性口炎** 是一种以口腔黏膜溃疡、坏死为特征的炎症（图7-2）。主要是由于口腔不洁，被细菌或病毒感染所致。

（4）**继发性口炎** 多发生于羊口疮、口蹄疫、羊痘、霉菌性口炎、变态反应和羔羊营养不良等疾病时（图7-3）。

图 7-1　病羊口腔黏膜及上、下唇　图 7-2　病羊口腔黏膜潮红、糜烂　图 7-3　患口蹄疫时口腔黏膜出现
出现水疱　　　　　　　　　　　　　　　　　　　　　　　　　　　　　　水疱

临床症状

　　口炎主要表现采食与咀嚼障碍。临床上常见有卡他性、水疱性、溃疡性口炎。原发性口炎病羊常采食减少或停止，口腔黏膜潮红、肿胀、疼痛、流涎。严重者可见有出血、糜烂、溃疡，或引起体质消瘦。

　　继发性口炎多见有体温升高等全身反应。如羊患口疮时，口腔黏膜及上下嘴唇、口角处呈现水疱疹和出血干痂样坏死；患口蹄疫时，除口腔黏膜发生水疱及烂斑外，趾间及皮肤也有类似病变；患羊痘时，除口腔黏膜有典型的痘疹外，在乳房、眼角、头部、腹下皮肤等处也有痘疹；患霉菌性口炎，除口腔黏膜发炎外，还表现腹泻、黄疸等；过敏反应性口炎，除口腔有炎症变化外，在鼻腔、乳房、肘部和股内侧等处见有充血、渗出、溃烂、结痂等变化。

类症鉴别

病名	与羊口炎的相似点	与羊口炎的不同点
羊口疮	二者均表现口腔、舌有溃疡，流涎、口臭	羊口疮的病原为羊口疮病毒，有传染性；病羊唇、口角皮肤有红疹、水疱、脓疱、结痂过程

病名	与羊口炎的相似点	与羊口炎的不同点
羊口蹄疫	二者均表现精神不振，食欲减退，唇、口腔有水疱、溃疡	羊口蹄疫的病原为口蹄疫病毒；山羊口腔呈弥漫性炎症，绵羊多见于四肢，水疱破裂后体温下降；用生物素标记探针技术检测口蹄疫病毒
羊蓝舌病	二者均表现精神不振，食欲减退，唇、口腔有水疱、溃疡	羊蓝舌病的病原为蓝舌病病毒，1岁左右最易感；病羊体温升高（40~41℃），蹄冠、蹄叶发生炎症，舌呈紫蓝色；早期病羊血液注于易感羊和免疫羊，易感羊发病
绵羊溃疡性皮炎	二者均表现精神不振，食欲减退，口腔糜烂	绵羊溃疡性皮炎的病原为副痘病毒，多发于成年羊；病羊病灶在面部上唇缘与鼻孔之间，不涉口角，小腿病灶最常见，可发生于腕、冠关节的任何部分，外表为一层厚痂，痂面并不高起，痂下为漏斗状溃疡，病灶属于溃疡和组织破坏性质

防治措施　加强管理和护理，防止因口腔受伤而发生原发性口炎。对传染病所致口炎者，宜隔离消毒。轻度口炎，可用2%~3%碳酸氢钠溶液或0.1%高锰酸钾溶液或2%食盐水冲洗；对慢性口炎发生糜烂及渗出时，用3%~5%蛋白银溶液或2%明矾溶液冲洗；有溃疡时用1:9碘甘油或蜂蜜涂擦。全身反应明显时，用青霉素40万~80万单位、链霉素100万单位，1次肌内注射，连用3~5天；也可服用磺胺类药物。

为杜绝口炎的蔓延，宜用2%碱水刷洗消毒饲槽。给病羊饲喂青嫩、多汁的饲草。

2. 食道阻塞

食道阻塞也称食管阻塞，是羊食道内腔被食物或异物堵塞而发生的以咽下障碍为特征的疾病。

病因分析　有原发性和继发性2种。

（1）原发性食道阻塞　主要由于过度饥饿的羊吞食了过大的块根饲料，未经充分咀嚼而吞咽，阻塞于食道某一段而酿祸成疾。例如，吞进大块萝卜、西瓜皮、洋芋、包心菜根及落果等；或因采食大块豆饼、花生饼、玉米棒，以及谷草、干稻草、青干草和未拌湿均匀的饲料等，咀嚼不充分忙于吞咽而引起；也见有误食塑料袋、地膜等异物造成食道阻塞的。

（2）继发性食道阻塞　常见于食道麻痹、狭窄、扩张和食管炎。也有因中枢神经兴奋性增高，发生食管痉挛，引起食道阻塞。

临床
症状

本病一般多突然发生。一旦阻塞，病羊采食停止，头颈伸直（图7-4），伴有吞咽和作呕动作；口腔流涎，骚动不安；或因异物吸入气管，引起咳嗽。当阻塞物发生在颈部食道时，局部凸起，形成肿块，手触可感觉到异物形状；当发生在胸部食道时，病羊疼痛明显，并可继发瘤胃臌气。食道阻塞分完全阻塞和不完全阻塞2种情况，使用胃管探诊或X射线检查可确定阻塞的部位（图7-5）。完全阻塞时，采食、饮水完全停止，表现空嚼和吞咽动作，大量流涎；上部食道阻塞时，病羊流涎并有大量唾液附着在唇边和鼻孔周围，吞咽的食糜和唾液从鼻孔、口腔流出，在阻塞物上方部位可积存液体，手触有波动感；下部食道发生阻塞时，咽下的唾液先蓄积在上部食管内，颈左侧食管沟呈圆筒状膨隆，触压可引起哽噎运动。食道完全阻塞时，不能进行反刍和嗳气，迅速发生瘤胃臌胀，呼吸困难。不完全阻塞，液体可以通过食道，而食物不能下咽，多伴有轻度瘤胃臌胀。

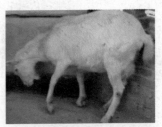

图7-4 羊食道阻塞时头颈伸直

图7-5 羊食道被捆包线阻塞

类症
鉴别

病名	与羊食道阻塞的相似点	与羊食道阻塞的不同点
羊食道癌	二者均表现在颈部可触摸到梗塞物，不能吞咽食物，导管入胃有阻碍	羊食道癌病例吞咽障碍是逐渐加重的，一般饮水不从鼻流出；剖检可见食道中有肿瘤
羊咽炎	二者均表现在头颈伸直，吞咽障碍，口流涎，饮水从鼻流出	羊咽炎病例咽部红肿，触捏时有痛感

预防
措施

为预防本病的发生，应防止羊偷食未加工的块根饲料；补喂家畜生长素制剂或添加剂；清理牧场、羊舍周围的废弃杂物。

治疗
方法

（1）**吸取法** 阻塞物属草料食团，可将羊保定好，送入胃管后用橡皮球吸水，水通过胃管注入，在阻塞物上部或前部软化阻塞物，反复冲洗，边注入水边吸出，反复操作，直至食道畅通。

（2）**胃管探送法** 阻塞物在近贲门部位时，可先将2%普鲁卡因溶液5毫升、液状石蜡 30 毫升混合后，用胃管送至阻塞物部位，待 10 分钟后，再用硬质胃管推送阻塞物进入瘤胃中。

（3）**砸碎法**　当阻塞物易碎、表面圆滑并阻塞在颈部食道时，可在阻塞物两侧垫上布鞋底，将一侧固定，在另一侧用木槌或拳头打砸（用力要均匀），使其破碎后咽入瘤胃。

治疗中若继发瘤胃臌气，可施行瘤胃放气术，以防病羊发生窒息。

3. 前胃弛缓

羊前胃弛缓是前胃神经肌肉感受性降低，收缩力减弱，瘤胃内容物运转迟滞，菌群失调，产生大量发酵和腐败物质，引起消化障碍，食欲、反刍减退，乃至全身功能紊乱的一种疾病，可继发酸中毒。常发生于山羊，绵羊较少。在冬末至春初饲料缺乏时最为常见。

发生前胃弛缓的原因复杂，一般可分为原发性和继发性 2 种。

（1）**原发性前胃弛缓**　也称单纯性消化不良。病因与饲养管理和自然气候的变化有关。

①饲草过于单纯：长期饲喂粗纤维多、营养成分少的饲草，消化功能陷于单调和贫乏，一旦变换饲料，即引起消化不良；草料质量低劣，常饲喂一些纤维粗硬、刺激性强、难于消化的饲料。

②饲料变质：饲喂变质的青草、青贮饲料、酒糟、豆渣、山芋渣等饲料或冰冻饲料。

③矿物质和维生素缺乏：往往发生于冬、春季，表现为局部神经性肌肉紧张度减弱，食欲减少，反刍微弱而缓慢，多喜卧。特别是缺钙，引起低钙血症，影响神经和体液的调节功能，成为导致本病的主要原因之一。

另外，饲养失宜、管理不当、应激反应等因素（如误食塑料袋、化纤布或分娩后母羊食入胎衣等），也可导致本病的发生。

（2）**继发性前胃弛缓**　患有瘤胃积食、胃肠炎和其他多种内科病、产科病和某些寄生虫病时也可继发前胃弛缓。

急性症状为食欲减少或渴欲增加，反刍缓慢且次数减少，瘤胃蠕动微弱，瘤胃内容物发酵（图 7-6），产生大量气体，左腹增大（图 7-7）。若不及时治疗，有变为慢性的趋势。病羊常有便秘，排泄物色黑而硬。泌乳量显著减少或完全停止。体温和脉搏常无变化。病羊站立时，四肢紧靠身体，低头伸颈，背弓起，常磨牙。以后由于营养不足，常喜卧地。病末期起立困难，脉搏弱而快，体温稍升高。瘤胃臌胀显著时，则呼吸困难。经久不愈者，消瘦而贫血，最终死于衰竭。

图 7-6　病羊瘤胃内容物腐败发酵

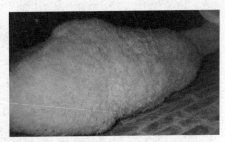
图 7-7　病羊左腹增大

慢性症状的表现是食欲逐渐减少或反常，但并不完全丧失。大多数病羊饮水减少，但也有口渴加强者。反刍停止，腹部呈间歇性臌胀，触诊前胃部位，感到坚实，有时还会引起腹痛。

病理变化
瘤胃、瓣胃或网胃扩张。瓣胃的内容物特别干燥，用指摩擦时呈粉末状。瘤胃内容物也干燥，且有气体，其量多少不定。前胃黏膜变化情况不同，有时正常，有时充血或有小出血点，上皮易于脱落。网胃有坏死或出血性溃疡。

类症鉴别

病名	与羊前胃弛缓的相似点	与羊前胃弛缓的不同点
羊瘤胃酸中毒	二者均表现吃草、反刍减少或废绝，瘤胃内容物少、蠕动弱，病重磨牙	羊瘤胃酸中毒病例因多吃了富含碳水化合物的精料而发病，瘤胃液体多，尿的 pH 低于 8，粪稀酸臭
羊瘤胃积食	二者均表现瘤胃蠕动减少，吃草、反刍减少或废绝，体温不高，粪干量少	羊瘤胃积食病例瘤胃充满内容物而较硬，呼吸困难
羊妊娠毒血症	二者均表现吃草、反刍减少或废绝，瘤胃蠕动弱，磨牙	羊妊娠毒血症病例妊娠后期发病，有意识障碍，转圈，瞳孔散大，反射消失；血检可见蛋白和血糖减少，血酮增多，尿酮阳性

病名	与羊前胃弛缓的相似点	与羊前胃弛缓的不同点
羊瓣胃阻塞	二者均表现吃草、反刍减少或废绝，瘤胃蠕动弱，内容物中液体多，粪球干而小	羊瓣胃阻塞病例右肋弓向里向前可触及球形瓣胃
羊酮尿病	二者均表现吃食、反刍减少或废绝，瘤胃蠕动弱，粪干小或稀软	羊酮尿病病例因饲料中蛋白质多、碳水化合物少而发病，尿、乳有酮气，血检、尿检酮量超过正常；剖检可见脂肪肝，肝脏增大 2~3 倍

预防措施

1）加强饲养管理，注意饲料的选择和保管，防止霉败变质。

2）依据日粮标准饲喂，不可任意增加饲料或突然变更饲料。

3）保持圈舍安静，避免异常声音、光线和颜色等不利因素刺激和干扰羊只。

4）注意圈舍卫生和通风、保暖，做好预防接种工作。

治疗方法

治疗原则是加强护理，消除病因，缓泻、止酵、兴奋瘤胃蠕动。因过食引起者，可采用饥饿疗法，禁食 2~3 次，然后供给易消化的饲料，使之恢复正常。应用药物疗法时，应先投给泻剂，清理胃肠，再投给兴奋瘤胃蠕动和防腐止酵剂。

1）成年羊可用硫酸镁或人工盐 20~30 克、液状石蜡 100~200 毫升、番木鳖酊 2 毫升、大黄酊 10 毫升，加水 500 毫升，1 次内服。

2）10% 氯化钠 20 毫升、10% 氯化钙 10 毫升、安钠咖 2 毫升，混合后，1 次静脉注射。

3）用酵母粉 10 克、红糖 10 克、酒精 10 毫升、陈皮酊 5 毫升，混合加水适量，1 次内服。

4. 瘤胃臌气

瘤胃臌气是因采食了大量容易发酵的饲料，在瘤胃内微生物的作用下，异常发酵，产生大量气体，引起瘤胃和网胃急性膨胀（图7-8），导致呼吸和血液循环障碍，发生窒息现象的一种疾病。绵羊多发。

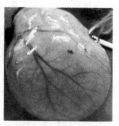

病因分析

原发性瘤胃臌气是由于反刍动物直接饱食容易发酵的饲草、饲料后引起。继发性瘤胃臌气常由前胃弛缓、创伤性网胃炎、瓣

图 7-8　病羊瘤胃膨胀

胃阻塞、食管阻塞、食管痉挛等疾病引起。

临床症状

急性瘤胃臌气，通常在采食不久发病。腹部迅速膨大，左肋窝明显凸起，严重者高过背中线（图7-9）。反刍和嗳气停止，食欲废绝，发出呻声，表现不安，回顾腹部。腹壁紧张而有弹性，叩诊呈鼓音。瘤胃蠕动音初期增强，常伴发金属音，后减弱或消失。呼吸急促，甚至头颈伸展，张口呼吸，

图7-9 绵羊急性瘤胃臌气

胃管检查非泡沫性膨胀时，从胃管内排出大量酸臭的气体，膨胀明显减轻。泡沫性膨胀时，仅排出少量气体，而不能解除膨胀。病的后期，心力衰竭，血液循环障碍，静脉怒张，呼吸困难，黏膜发绀。目光恐惧，出汗，间或肩背部皮下气肿、站立不稳，步态蹒跚甚至突然倒地，痉挛、抽搐。最终因窒息和心脏停搏而死亡。

慢性瘤胃臌气，多为继发性瘤胃臌气。瘤胃中度膨胀，常为间歇性反复发作。

类症鉴别

病名	与羊瘤胃臌气的相似点	与羊瘤胃臌气的不同点
羊前胃弛缓	二者均表现吃草、反刍废绝，瘤胃膨胀、有气体	羊前胃弛缓病例在病程中虽有时出现臌气，但不在采食之后发生，也不表现呼吸困难
羊瘤胃积食	二者均表现瘤胃臌满，吃草、反刍废绝，出现呼吸困难	羊瘤胃积食病例叩诊右肷不出现鼓音，按压内容物呈坚硬状

预防措施

加强饲养管理，不让羊采食霉败和易发酵饲料，或雨后、霜露、冰冻的饲料。如果饲喂多汁易发酵的饲料，应定时定量，喂后不要立即饮水。

治疗方法

治疗原则是排出气体、理气消胀、强心补液、健胃消导、恢复瘤胃蠕动。

病情较轻的病例，使病羊站立于斜坡上，保持前高后低姿势，不断牵引其舌，同时按摩瘤胃，促进气体排出。若通过上述处理效果不显著时，可用松节油 20~30 毫升、鱼石脂 10~20 克、酒精 30~50 毫升，温水适量，1 次内服；或者内服 8% 氧化镁溶液 500 毫升，以止酵消胀。

泡沫性膨胀，以灭沫消胀为目的。可内服表面活性药物，如甲基硅油 0.5~1 克，消胀片 25~50 片 / 次。也可用松节油 3~10 毫升、液状石蜡 30~100 毫升，常水适量，1 次内服。

当药物治疗效果不显著时，应立即施行瘤胃切开术，取出其内容物。

当有窒息危险时，首先应实行胃管放气或用套管针穿刺放气（间歇性放气），（图7-10），防止窒息。放气后，为防止内容物发酵，宜用鱼石脂2~5克、酒精20~30毫升、常水150~200毫升，1次内服；或从套管针内注入生石灰水或8%氧化镁溶液。此外，在放气后，还可用0.25%普鲁卡因溶液5~10毫升将40万~80万单位青霉素稀释，注入瘤胃。

图7-10　绵羊瘤胃穿刺术

5. 创伤性网胃腹膜炎及心包炎

创伤性网胃腹膜炎及心包炎是由于异物刺伤网胃壁而发生的一种疾病。其临床特征为急性前胃弛缓，胸壁疼痛，间歇性臌气。本病多见于奶山羊，偶尔发生于绵羊。

病因分析

本病主要由于尖锐金属异物（如钢丝、铁丝、缝针、发卡、锐铁片等）混入饲料被羊吃进网胃，因网胃收缩，异物刺破或损伤胃壁所致。如果异物经横膈膜刺入心包，则发生创伤性网胃心包炎。异物穿透网胃胃壁或瘤胃胃壁时，可损伤脾脏、肝脏、肺等脏器，此时可引起腹膜炎及各部位的化脓性炎症。

临床症状

（1）创伤性网胃腹膜炎　病羊精神沉郁，食欲减少，反刍缓慢或停止，鼻镜干燥，行动谨慎，表现疼痛，拱背，不愿急转弯或走下坡路。触诊用手冲击网胃区及心区，或用拳头顶压剑状软骨区时，病羊表现疼痛、呻吟、躲闪。肘头外展，肘肌颤动。前胃弛缓，慢性瘤胃臌气。

（2）创伤性网胃心包炎　病羊心动过速，每分钟80~120次，颈静脉怒张，粗如手指。颌下及胸前水肿，听诊心音区扩大，出现心包摩擦音及拍水音。病的后期，常发生腹膜粘连、心包积脓和脓毒败血症。

病理变化

本病的病理变化依金属异物的性质而异，有的导致腹膜粘连、心包积脓和脓毒败血症。有的引起创伤性网胃炎，特别是铁钉或销钉，可损伤胃壁深层组织，使局部增厚、化脓，形成瘘管或瘢痕。有的网胃与膈粘连或胃壁局部结缔组织增生，其中埋藏铁钉或销钉，并形成干酪腔或脓腔。还有一部分病例，由于网胃壁穿孔，形成弥漫性或局限性腹膜炎乃至胸膜炎，脏器互相粘连，或者膈、脾脏、肝脏、肺发生脓肿。心脏受损害时，心包中充满大量纤维蛋白性渗出液（图7-11、图7-12）。

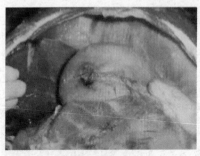

图 7-11　金属丝刺穿网胃

图 7-12　金属丝刺穿网胃壁和心包

类症鉴别

病名	与羊创伤性网胃腹膜炎的相似点	与羊创伤性网胃腹膜炎的不同点
羊创伤性网胃心包炎	二者均表现吃草反刍减少或废绝，卧时小心移动几次才卧下，肘外展，金属探测仪检验有反应	羊创伤性网胃心包炎病例叩诊心区敏感、听心跳有拍水音，颌下、垂皮有水肿
羊前胃弛缓	二者均表现吃草、反刍减少或废绝，精神不振	羊前胃弛缓病例左肘不外展、剑状软骨部叩诊无疼痛反应，虽有久站不卧、久卧不站现象，但不出现前肢下跪后躯移动良久才卧下现象
羊肠阻塞	二者均表现吃草反刍减少或废绝，拳操右肷有晃水音	羊肠阻塞病例病初有腹痛，不排粪而排白色胶冻样黏液，叩诊剑状软骨部位不疼痛
羊皱胃溃疡	二者均表现吃草反刍减少或废绝，体温稍升高	羊皱胃溃疡病例在右腹软肋后按压有痛感（剑状软骨处叩诊无痛感），粪便无论干稀均为黑色
病名	与羊创伤性网胃心包炎的相似点	与羊创伤性网胃心包炎的不同点
羊前胃弛缓	二者均表现吃草反刍减少或废绝，有时磨牙，瘤胃蠕动弱	羊前胃弛缓病例听诊心音无拍水音，叩诊心区不疼痛
羊心肌炎	二者均表现体温稍高，食欲废绝，心跳加快，肘外展，叩诊心区疼痛，站立不愿卧	羊心肌炎病例听诊心音无拍水音或心音弱小似远方传来的症状

（续）

病名	与羊创伤性网胃心包炎的相似点	与羊创伤性网胃心包炎的不同点
羊胸腔积水	二者均表现呼吸浅表，心音弱	羊胸腔积水病例体温不高，叩诊心区无痛感，叩诊胸部有水平浊音并随体位移动而改变，胸壁穿刺有液体流出
羊胸膜炎	二者均表现体温升高（39~40℃），弛张热，肘外展，听诊心音减弱，叩诊心区疼痛	羊胸膜炎病例叩诊不仅心区胸部也有疼痛，听诊胸廓有摩擦音，但无拍水音，叩诊有水平浊音，胸部穿刺有液体流出

预防措施　清除饲料中异物，在饲料加工设备中安装磁铁，以排除铁器，并严禁在牧场或羊舍内堆放铁器。饲喂人员勿带尖细的铁器用具进入羊舍，以防止混落在饲料中，被羊食人。

治疗方法　确诊后可行瘤胃切开术，清理排除异物。如病程发展到心包积脓阶段，病羊应予淘汰。

对症治疗，消除炎症，可用青霉素 40 万 ~80 万单位、链霉素 50 万单位，1 次肌内注射。也可用磺胺嘧啶钠 5~8 克、碳酸氢钠 5 克，加水内服，每天 1 次，连用 1 周以上。也可用健胃剂、镇痛剂。

6. 肠套叠

肠套叠是某一部分肠管套叠在邻部肠腔内而引起的疾病，多见于小肠（图 7-13、图 7-14）。

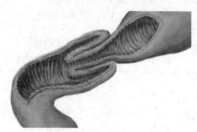

图 7-13　肠套叠模拟图

图 7-14　肠套叠

由于肠结节虫寄生于肠管，羊无规律运动，突然奔跑，以及胎儿压迫等均可引起肠套叠。本病多见于绵羊，而绵羊中以细毛羊和细毛杂种羊为多见，占发病羊总数的 90% 以上。不同性别的绵羊都有发病，母羊发病较多。

本病一年四季都能发生，以 3~5 月和 9~11 月发病较多。放牧绵羊发病率高于舍饲羊。

病因分析

肠套叠形成的原因比较复杂，主要有以下几种：

1）肠结节虫寄生于肠壁形成坚硬的结节，直接干扰和破坏肠管正常的、有规律的运动，由于结节的障碍，致使套入的一段无法恢复原状，形成套叠性肠梗阻。病羊不断努责，使前一段肠管不断涌入被套进的肠腔内。随着病情恶化，套叠越来越严重。有的套入肠管可长达 60~100 厘米。

2）羊群突然间受惊，或因为其他原因急骤驱赶，羊剧烈奔跑，跳跃沟渠，可诱发肠套叠。

3）空腹饱饮冷水，常可引起肠管的痉挛性收缩蠕动，诱发肠套叠。

4）公羊、羯羊相互抵架，或被放牧人员突然踢打腹部等外力冲击致伤，可能诱发肠套叠。

5）妊娠或产羔时，由于胎儿压迫或助产不当，或因产羔时努责过度，也可引起肠套叠。

临床症状

（1）**初期**　突然食欲大减或废绝，口色发青，口腔腻涩，舌苔发白，眼结膜瘀血。脉搏每分钟 80~120 次，病羊伸腰屈背（图 7-15），无论站立多久或爬卧时间多长，再站立时均可见伸腰屈背现象。病羊腹部膨大，反刍停止，一般胃蠕动音少而弱，肠音呈半途性中断。有时排粪少许，粪便坚硬、呈小颗粒状。触诊右腹部有明显的压痛感，腹壁较紧张，可摸到硬块状的肠套叠部分。

图 7-15　病羊伸腰屈背

（2）**中期**　病羊表现苦闷，发出呻吟声，常常呆立，不愿卧下和行走，有时用后蹄踢腹部。如强行运动，则表现剧烈腹痛，爬卧在地。有时可见肛门排出少量铁锈色黏液。听诊时，胃蠕动音减弱，仅每分钟 3~4 次。

（3）**末期**　肠内气体增多，腹部臌胀，胃肠无蠕动音。呼吸浅表，呻吟加剧，精神萎靡。体温一般正常，有时升高。卧多立少，不吃不嚼。磨牙，眼呈嗜睡状，最终因体质极度衰弱而死亡。

病名	与羊肠套叠的相似点	与羊肠套叠的不同点
羊肠扭转	二者均表现疝痛，绝食，眼结膜充血，口干臭，肠音废绝，不排粪	羊肠扭转病例右腹侧可摸到鸡蛋大小的疙瘩，按压有痛
羊肠阻塞	二者均表现不排粪而排白色黏液，废食，有疝痛，搡右腹时有晃水音	羊肠阻塞病例有异食癖，右腹难摸到阻塞块

治疗
方法

　　治疗原则是镇痛和恢复肠管的正常位置。一旦确诊，应立即进行手术整复。肠套叠一旦发生，就会引起急性肠梗阻，后果非常严重。最有效的疗法为施行开腹整复术，而且必须争取时间及早进行。手术步骤如下：

　　（1）**术前准备**　除做好一般器材的消毒外，应备好 0.25% 盐酸普鲁卡因溶液、青霉素、链霉素、硫化钠、甘油、磺胺噻唑软膏、磺胺脒和水合氯醛。

　　（2）**手术方法**　将羊前后肢分别绑在一起，使左侧向下放倒，由两人固定，将右䏚部的毛剪到最短程度，再于该部涂以硫化钠与甘油（2∶8）配合剂，使毛完全脱光。内服水合氯醛 8~10 克，令其睡眠，然后用 3% 来苏儿溶液和 70% 酒精对术部进行清洗、消毒。用 0.25% 盐酸普鲁卡因注射液对术部进行局部麻醉，然后切开长约 15 厘米的切口，沿腹肌伸入右手，通过盲肠底摸寻坚硬的患部。取出患部，检查其颜色。如呈暗紫色，有腐烂趋势处，则表示为患病部位。此时，应用外科手术刀切开患部的两端，并用灭菌肠线进行肠管断端缝合，然后给缝合部位涂以磺胺噻唑软膏，以防粘连与发炎，最后轻轻放回原位。如果病变部位颜色稍红，无腐烂趋势，可用两手拇指和食指推压使套叠复位。还纳肠管前，吻合口周围喷洒一些青霉素和链霉素的混合物，并向腹腔内注入 120 万 ~160 万单位的青霉素和 1 克链霉素。把腹膜和肌肉分别进行连续缝合，皮肤行结节缝合，并用脱脂棉和纱布包扎伤口。

　　（3）**术后处理**　将羊放在安静、清洁、干燥的隔离室，给予适量的温水与流食，避免给予泻剂和任何可以增强肠蠕动的药品，以防肠管断裂与粘连。第 2、第 3 天有的羊体温略有升高，精神萎靡，食欲不振，此为肠炎表现，可给予消炎收敛制酵剂；第 3 天可开始饲喂青草，但应避免饲喂高蛋白质饲料。

7. 肠扭转

肠扭转是由于肠管位置发生改变，引起肠腔机械性闭塞，继而肠管发生出血、麻痹、坏死变化。病羊表现重剧性腹痛症状，如不及时整复肠管位置，可造成病羊急性死亡。本病平时少见，多发生于绵羊剪毛后，故牧民称其为"绵羊剪毛病"。

病因分析 　肠扭转一般继发于肠痉挛、肠臌气、瘤胃臌气，在这些疾病中肠管蠕动增强并发生痉挛收缩，或因腹痛引起羊打滚旋转，或瘤胃臌气，体积增大，迫使肠管离开正常位置，各段肠管互相扭转缠叠而发病。另外，剪毛前羊采食过饱，腹压较大，在放倒固定腿蹄时羊挣扎，或翻转体躯时动作粗暴、过猛，均可导致肠扭转。

临床症状 　发病初期，病羊精神不安，口唇染有少量白色泡沫，回头顾腹，伸腰拱背或蹲胯，两肷内吸，后肢弹腹，踢蹄骚动，翘唇摆头，时而摇尾，不排粪尿。腹部听诊瘤胃蠕动音先增强，后变弱，肠音亢进，随着时间延长，肠音废绝。体温正常或略高，呼吸浅而快，每分钟 25~35 次，心率增快，每分钟 80~100 次。

图 7-16　病羊精神痛苦，目光凝视，腹围增大

随着病情发展，症状加剧，病羊急起急卧，前冲后撞，腹围增大（图 7-16），叩之如鼓，腹壁触诊敏感拒按，眼结膜发绀，即使用镇痛药物也不能止痛。此时，瘤胃蠕动音和肠音消失，体温达 40.5~41℃，呼吸急促，每分钟 60 次以上，心音弱而节律不齐，每分钟 110~120 次。衰竭期，病羊精神萎靡，腹部严重臌气，眼结膜苍白，呆立不动，或卧地不能站立，强迫运动时步态蹒跚，体温下降至 37℃以下，呼吸微弱，心音亢进。腹部穿刺，有浅红色如洗肉水样液体流出。一般病程 6~18 小时，如变位肠管不能复位，其结局将以死亡而告终。

类症鉴别

病名	与羊肠扭转的相似点	与羊肠扭转的不同点
羊肠阻塞	二者均表现不排粪而排白色黏液，废食，有疝痛，揉右腹时有晃水音	羊肠阻塞病例有异食癖，右腹难摸到阻塞块
羊肠套叠	二者均表现疝痛，绝食，眼结膜充血，口干臭，肠音废绝，不排粪	羊肠套叠病例左侧卧时，右腹侧可摸到一段如香肠、较硬、按压有痛的肠段

治疗方法 　治疗以整复法为主，药物镇痛为辅。

（1）**体位整复法** 　由助手用两手抱住病羊胸部，将其提起，使羊臀部着地，羊背部紧挨助手腹部和腿部，让羊腹部松弛，呈人伸腿坐地状。术者蹲于羊前方，两手握拳，分别置两拳头于病羊左右腹壁中部，紧挨腹壁，交替推揉，每分钟推揉 60 次左右，助手同时晃动羊体。推揉 5~6 分钟后，再由两人分别提起羊的一侧前后肢，背着地面左右摆动十余次。放下病羊让其站立，持鞭驱赶，使羊奔跑运动 8~10 分钟，然后观察结果。

推揉中术者用力大小要适中，应使腹腔内肠管、瘤胃晃动并可听到胃肠清脆的撞击音为度。若病羊嗳气，瘤胃臌气消散，腹壁紧张性减轻，病羊安静，可视为整复术成功。

（2）**手术整复法**　若采用体位整复法不能达到目的，应立即进行剖腹探诊，查明扭转部位，整理扭转的肠管使之复位。

（3）**整复后，宜用如下药物治疗**　镇痛剂用复方氨基比林注射液 10 毫升，肌内注射；或用美散痛注射液 5 毫升，分 2 次皮下注射；或用水合氯醛 3 克、酒精 30 毫升，1 次内服；或用三溴合剂 30~50 毫升，1 次静脉注射。

8. 胃肠炎

胃肠炎是胃肠黏膜及其深层组织的出血性或坏死性炎症。临床表现以食欲减退或废绝、体温升高、腹泻、脱水、腹痛和不同程度的自体中毒为特征。

病因分析

本病多因前胃疾病引起。饲养管理不当是引起本病的重要原因，如采食大量的冰冻、发霉饲料，饲草、饲料中混进具有刺激性的化肥，如过磷酸钙、硝铵等。服用过量的蓖麻油、芦荟、芒硝等也可致病。圈舍潮湿，卫生不良，春季羊体质乏弱，营养不良，以及投服驱虫药剂量偏大，也是本病发生的原因之一。本病还可继发于羊副结核病、巴氏杆菌病、羊快疫、肠毒血症、炭疽、羔羊大肠杆菌病等疾病。

临床症状

急性胃肠炎病例表现食欲减退或废绝，口腔干燥发臭，舌有黄厚苔或薄白苔，伴有腹痛。肠音初期增强，其后减弱或消失，排稀粪或水样便，排泄物腥臭或恶臭，粪中混有血液、黏脓、坏死脱落的组织碎片。脱水严重，少尿，眼球下陷，皮肤弹性降低，消瘦，腹围紧缩（图 7-17）。当虚脱时，病羊卧地，脉搏微细，心力衰竭。体温在整个病程中

图 7-17　病羊消瘦，腹围紧缩

升高。病至后期，因循环和微循环障碍，病羊四肢冷凉，昏睡，抽搐而死。

慢性胃肠炎病程较长，病势缓慢，主要症状同急性胃肠炎，也可引起恶病质。

病理变化 肠内容物常混有血液，恶臭，黏膜呈现出血斑或溢血斑（图7-18）。在肠黏膜表面形成霜样或麸皮状覆盖物。黏膜下水肿，白细胞浸润。坏死组织剥落后，遗留下烂斑和溃疡。病程时间过长，肠壁可能增厚并发硬。淋巴滤泡及肠系膜淋巴结肿大，常并发腹膜炎。

图7-18 病羊肠道充血、出血

类症鉴别

病名	与羊胃肠炎的相似点	与羊胃肠炎的不同点
绵羊肝炎	二者均表现体温正常，厌食，便秘或下痢	绵羊肝炎病例痉挛或抽搐或昏睡，OCT 试验：谷-丙转氨酶高于谷-草转氨酶和乳酸脱氢酶
羊副结核病	二者均表现拉稀，粪中有黏液、血液	羊副结核病病例粪中有气泡和凝血块，有恶臭，颌下水肿，副结核菌素变态反应呈阳性
羊沙门菌病	二者均表现拉稀，粪中有黏液、血液	羊沙门菌病的病原是沙门菌；病羊腹部剧痛，眼结膜充血、黄染，可检出沙门菌

预防措施 1）加强饲养管理，不用霉败饲料饲喂，不让羊采食有毒物质和有刺激性、腐蚀性的化学物质。

2）防止各种应激因素的刺激。

3）做好羊群的定期预防接种和驱虫工作。

4）定期检查，注意平时观察，当发现羊采食、饮水和排粪异常时，应及时治疗，加强护理。

治疗方法 治疗原则是消除炎症，清理胃肠，预防脱水，维护心脏功能，解除中毒，增强机体抵抗力。

消炎止泻可用磺胺脒4~8克、小苏打3~5克，加水适量，1次内服。也可用黄连素片15片、链霉素片2片（每片0.5克）、红根草粉15克，加水适量，1次内服。

脱水严重的宜补液，可用5%葡萄糖溶液300毫升、生理盐水200毫升、5%碳酸氢钠溶液100毫升，混合后1次静脉注射，必要时可以重复应用。腹泻严重者可用1%硫酸阿托品注射液2毫升，皮下注射。

心力衰竭时，可用 10% 樟脑磺酸钠 3 毫升，1 次肌内注射；或用尼可刹米注射液 2 毫升，皮下注射。

9. 羔羊脐带炎

羔羊脐带炎是脐带血管及其周围组织遭受感染而引起的炎症，可分为脐血管炎及坏疽性脐炎。

病因分析

脐带剪断时消毒不彻底，环境卫生不好，羔羊互相吸吮脐带等原因造成脐带感染病菌而发炎。

临床症状

羔羊患脐血管炎时，病羊精神不振、腰背拱起、食欲不振、不愿运动，局部增温。触诊脐部有热痛，脐带中央有较硬的索状物（图 7-19），穿刺时有脓液排出。脐部周围感染严重时，呼吸、脉搏加快，体温升高。羔羊患坏疽性脐炎时，脐带断端湿润，呈污红色，溃烂，有恶臭味，常形成脐带溃疡。当脐带炎症蔓延时，可引起腹膜炎，易继发败血症及脓毒败血症，有时感染破伤风杆菌而并发破伤风。

图 7-19 羔羊脐部悬挂较硬的索状物

类症鉴别

病名	与羔羊脐带炎的相似点	与羔羊脐带炎的不同点
羔羊脐疝	二者均表现脐部肿胀	羔羊脐疝病例肿胀处无热痛，质地柔软，触摸无痛感，可触摸到网胃或皱胃，将内容物慢慢送回腹腔内，肿胀消退后，可摸到病孔，这都是脐带炎所不具有的
羔羊先天性膀胱粘连症	二者均表现脐部肿胀	羔羊先天性膀胱粘连症病例脐部不肿胀，在排尿时脐孔也滴尿

预防措施

初生羔羊的脐带要彻底消毒，不仅要对表面进行消毒，还应向残存的脐内灌注消毒液；改善产房卫生；羔羊吃奶后要擦净嘴头上的残奶，避免互相吸吮。

治疗方法

早期较轻时，用抗生素及局部封闭治疗，可于脐孔周围皮下注射青霉素普鲁卡因溶液，并涂布碘酊。后期脓肿发生时，应用外科手术排脓，清洁创围，用 0.1% 的高锰酸钾溶液或 3% 双氧水（过氧化氢）等冲洗创腔，除去腐烂组织，排出脓液，然后敷以消炎药物。对坏疽性脐炎，需彻底切开坏死组织，以碘酊处理创口。

10. 感冒

感冒是一种全身性疾病，以上呼吸道黏膜炎症为主要特征。多发生于早春、晚秋气候剧变时，没有传染性，若及时治疗，可以治愈。

主要由于气候突然发生变化，羊只受寒冷刺激而引起。夏、秋季节天气闷热，羊出汗后又到风较大处，或剪毛后天气突然变冷或冷雨淋浇、寒夜露宿等都会引起感冒。

在寒冷因素作用后突然发病。病羊精神沉郁，被毛蓬乱，低头耷耳，食欲减退或废绝。鼻端发凉，鼻黏膜充血、肿胀，有浆液性鼻液、咳嗽、时而出现打喷嚏或擦鼻现象（图7-20、图7-21）。体温升高，肌肉震颤，呆立。口色青白，舌有薄苔，舌质红，呼吸加快，脉搏细数。小羊还有磨牙现象，大羊常发出鼾声。听诊肺泡呼吸音有时增强，有时伴有湿啰音，瘤胃蠕动减弱。

图7-20　病羊出现咳嗽、流鼻液症状

图7-21　病羊咳嗽症状明显

病名	与羊感冒的相似点	与羊感冒的不同点
羊支气管炎	二者均表现体温突然升至40℃左右，食欲减退，流鼻液，咳嗽	羊支气管炎听诊肺有啰音，病初有阵发性短促干咳，而后变湿咳，随后显呼吸困难；剖检支气管黏膜充血，产生红色斑块或条纹，黏膜上附有黏液，黏膜下有水肿
羊肺线虫病	二者均表现精神沉郁，呼吸急促，咳嗽	羊肺线虫病病例在频繁而痛苦的咳嗽中，常咳出含有成虫、幼虫及虫卵的黏液团块；病料镜检可发现虫体
羊蛔虫病	二者均表现精神沉郁，呼吸快，咳嗽	羊蛔虫病发生率很低，病羊一般体温不高，食欲时好时坏，有时呕吐、流涎、下痢；粪检可见虫卵

病名	与羊感冒的相似点	与羊感冒的不同点
羊肺腺瘤病	二者均表现咳嗽，呼吸困难，流鼻液	羊肺腺瘤病的病原为羊肺腺瘤病病毒；病羊低头时流大量鼻液（肺水肿）；剖检可见肺有灰白色小结节，切开流水；琼脂扩散试验可验证病毒
羊类鼻疽病	二者均表现呼吸困难，咳嗽	羊类鼻疽病的病原为类鼻疽杆菌；病羊体温升高，有时跛行；侵害腰椎时，后躯麻痹，呈犬坐姿势；公羊睾丸、母羊乳房也有结节；剖检可侵害部位有坏死灶；用抗类鼻疽单克隆抗体做酶联免疫吸附试验可鉴定

预防措施　注意天气变化，做好防寒保暖工作。冬季羊舍门窗、墙壁要封严，防止冷风侵袭。夏季要预防汗后吹风淋雨。保持环境的清洁卫生，防止流感侵袭。

治疗方法　病羊应避风保暖，充分供给饮水，饲喂易消化的饲料，并注意休息。

病初应给予解热镇痛药，如30%安乃近、复方氨基比林或复方奎宁注射液4~6毫升，每天1次，肌内注射。也可内服阿司匹林、水杨酸钠等2~5克。当高热不退时，应及时应用抗生素或磺胺类药物，如青霉素、链霉素，每天2次，40万~80万单位，肌内注射。

11. 肺炎

绵羊与山羊均可患肺炎，以绵羊引起的损失较大，尤其是羔羊。

病因分析　引起肺炎的原因较多，归纳如下：

（1）**气候变化剧烈，因感冒而引起**　放牧时忽遇风雨，或剪毛后遇到冷湿天气。严寒季节和多雨天气更易发生。圈舍潮湿，空气污浊，而兼有贼风，即容易引起鼻卡他及支气管卡他，如果护理不周，即可发展成为肺炎。

（2）**羊抵抗力下降**　并未见到病原菌存在，但因各种原因，绵羊抵抗力减弱时，许多细菌即可乘机而起，发生病原菌的作用。

（3）**肺寄生虫引起**　如肺线虫的机械刺激作用可造成营养不良，而发生肺炎。

（4）**异物入肺**　吸入异物或灌药入肺，都可引起异物性肺炎，也叫机械性肺炎。

灌药入肺的现象多由于灌药过快或者由于羊头抬得过高，同时羊只挣扎反抗。例如，对臌胀病灌服药物时，由于羊呼吸困难，最容易挣扎而发生问题。

（5）**其他疾病的继发病**　如出血性败血症、伪结核病等，往往因长期偏卧一侧，引起一侧肺充血，而发生肺炎。一旦继发肺炎，致死率常高于原发疾病。

临床症状

症状因病因的性质而异。疾病发展速度一般较慢，但小羊偶尔也发生急性肺炎。发病之初，羊精神迟钝，食欲减退，寒战，呼吸加快，体温上升达 40℃。心悸亢进，脉搏细弱而快，眼、鼻黏膜变红，鼻无分泌物，常发出干涩而痛苦的咳嗽音。随着病程的发展，呼吸愈加困难，表现喘息，最终死亡。通常发病 1 周左右死亡，死亡率的高低不定。

病理变化

可见喉部充血，气管与支气管发炎，内含白色或浅红色泡沫或脓液。肺部出现实变，呈黑红色，质地较硬，摸起来很像肝脏（图 7-22、图 7-23）。病灶很显著，有时限于一侧，有时可波及两侧。或为扩散性，或为局限性，严重时其他器官也发生病灶。胸腔内常积聚大量的浅红色液体。如为进行性慢性肺炎，肺上常见有坚硬的灰色病灶。

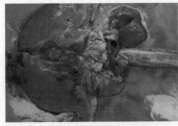 

图 7-22　病羊肺部出现实变和坏疽区域　　图 7-23　病羊肺部再现大面积的实变区域

类症鉴别

病名	与羊肺炎的相似点	与羊肺炎的不同点
羊支原体性肺炎	二者均表现体温升高（41~42℃），咳嗽，流鼻液，呼吸困难，沉郁废食	羊支原体性肺炎的病原为丝状支原体，有传染性；肋部叩诊有实音并显疼痛，听诊有捻发音，有脓性眼眵；剖检可见胸腔积液，胸膜粗糙、有纤维素；心血涂片镜检可见丝状支原体

病名	与羊肺炎的相似点	与羊肺炎的不同点
羊巴氏杆菌病	二者均表现体温升高（41~42℃），咳嗽，流鼻液，绝食；肺有肝变	羊巴氏杆菌病的病原为巴氏杆菌；病羊眼结膜潮红、有黏性眵，初便秘后下痢，颈胸下水肿；剖检可见皮下胶冻样浸润，肺瘀血、有小出血点，胸膜有纤维素，肝脏有坏死灶，病料涂片镜检可见两极着色的卵圆形杆菌
羊支气管炎	二者均表现体温升高（40℃左右），咳嗽，流鼻液	羊支气管炎病例捏气管时敏感发咳，早晚咳嗽频繁；剖检可见支气管充血、瘀血、有渗出液

预防措施

加强饲养管理是最根本的预防措施。应供给富含蛋白质、维生素和矿物质的饲料；注意圈舍卫生，不要过热、过冷、过于潮湿，通气要好。剪毛后若遇天气变冷，应迅速把羊赶到室内，必要时还应在室内生火。夏、秋季下午较晚时不要洗浴，因没有晒干机会。长途运回的羊只，不要急于喂给精料，应多喂青饲料或青贮料。

对呼吸系统的其他疾病要及时发现，抓紧治疗。由传染病或寄生虫病引起的肺炎，应集中力量治疗原发病。为了预防异物性肺炎，灌药时务必小心，不能使羊嘴的高度超过额部，同时要缓慢灌入。遇有咳嗽，应立即停止。最好是使用胃管灌药，但要注意不可将胃管插入气管内。

治疗方法

发现羊有肺炎症状后，及早将其置于清洁、温暖、通风良好但无贼风的羊舍内，保持安静，饲喂容易消化的饲料，经常供应清水。

采用抗生素或磺胺类药物治疗，病情严重时可以同时应用2种药物。即肌内注射青霉素或链霉素的同时，内服或静脉注射磺胺类药物。采用四环素，则疗效更为理想。卡那霉素100万单位1次肌内注射，每天2次，连用3~4天。

由于患肺炎的羊只有不同的临床表现，应采用相应的对症疗法。当体温升高时，可肌内注射安乃近2毫升或内服阿司匹林1克，每天2~3次。当发现干咳、有稠鼻液时，可给予氯化铵2克，分2~3次，1天服完。

12. 支气管炎

支气管炎是支气管的黏膜和黏膜下层组织发生的炎症。剧烈咳嗽和呼吸困难为其临床特征，多发生于冬、春季。根据病程长短可分为急性和慢性2种。

急性支气管炎的病因主要是寒冷与感冒，特别在秋、冬季节与早春，如天气剧变、风雪侵袭、羊舍漏风漏雨等。特别是羊在剪毛后，因淋雨受寒，使羊呼吸道防御机能降低，诸多常在菌如肺炎球菌、巴氏杆菌、链球菌等大量繁殖，引发疾病。羊舍通风不良，空气污浊，存有大量的氨气、硫化氢等，以及饲草中混有较多尘土，也是支气管炎的致病因素。寄生虫和霉菌的侵害也不可忽视。本病也可继发于喉、气管、肺的疾病或某些传染病（口蹄疫、羊痘等）与寄生虫病（肺线虫）。

慢性支气管炎常由急性支气管炎的病因未能及时除去延续而来，或继发于其他器官疾病。

（1）急性支气管炎　主要症状是咳嗽。病初表现有干性、疼痛的咳嗽，咳声短促而痛苦。以后变为湿性长咳，痛感减轻，有时咳出痰液，同时鼻腔或口腔排出黏性或脓性分泌物（图7-24）。胸部听诊可听到啰音。体温一般正常，有时升高0.5~1℃，全身症状较轻。若炎症侵害范围扩大到细支气管，则呈现弥漫性支气管炎的特征。全身症状重剧，体温升高1~2℃，呼吸急促，呈呼气性呼吸困难，可视黏膜呈蓝紫色，有弱痛咳。

图7-24　病羊鼻腔排出脓性分泌物

（2）慢性支气管炎　也是以咳嗽、流鼻液、气管敏感和肺部啰音为特征。体温正常，无全身变化。由于病期拖长和反复发作，病羊日渐消瘦和贫血，直至极度衰竭而死亡。

病名	与羊支气管炎的相似点	与羊支气管炎的不同点
羊支原体肺炎	二者均表现体温升高，咳嗽，流鼻液	羊支原体肺炎的病原为丝状支原体，有传染性；病羊体温较高（41~42℃），胸部叩诊敏感，听诊有捻发音，眼肿有眵，妊娠羊流产；剖检可见肺有纤维蛋白，胸膜粘连；水肿液涂片镜检可见丝状支原体
羊巴氏杆菌病	二者均表现体温升高，咳嗽，流鼻液，呼吸急促	羊巴氏杆菌病的病原为巴氏杆菌，有传染性；病羊眼结膜潮红有眵，初便秘后下痢，颈部水肿；剖检可见胸腔有黄色渗出物，肺瘀血、肝变；渗出液涂片镜检可见两极着色的卵圆形杆菌

病名	与羊支气管炎的相似点	与羊支气管炎的不同点
羊网尾线虫病	二者均表现咳嗽，呼吸急促并显痛苦；支气管肿胀、充血	羊网尾线虫病的病原为网尾线虫；病羊阵发性痉咳，呼吸如拉风箱，消瘦，贫血，胸下水肿，咳出的痰团内有成虫、幼虫、虫卵；剖检可见支气管有虫体
羊支气管肺炎	二者均表现体温升高，咳嗽，流鼻液，呼吸急促	羊支气管肺炎病例体温较高（41~42℃），心跳、呼吸增数，严重时呼吸困难；叩诊局部浊音，听诊肺泡音消失，而健康部则亢进；剖检可见肺下部孤立的不同病灶，病灶是一个或几个肺小叶呈红色或暗红色（病久变灰黄色或灰白色），周围有气肿
羊肺炎	二者均表现体温升高，咳嗽，流鼻液，呼吸急促	羊肺炎病例多为羔羊，病羊心跳、呼吸每分钟 100 次以上；剖检可见心扩张，心尖有凹陷，胸腔、心包积液，真胃、小肠黏膜水肿

防治
措施

1）建立良好的饲养管理制度，排除致病因素。注意羊舍的环境卫生，避免尘埃、毒菌的侵害，饲喂营养丰富的饲料。天气变化时，做到防风御寒，消除支气管炎的致病原因。

2）在治疗上，祛痰可口服氯化铵 1~2 克，或酒石酸锑钾 0.2~0.5 克，或碳酸钠 2~3 克。其他如吐根酊、远志酊、杏仁水等均可应用。止喘可肌内注射 3% 盐酸麻黄素 1~2 毫升。

3）控制感染，以抗生素及磺胺类药物为主。可用 10% 磺胺嘧啶钠 10~20 毫升肌内注射；也可内服磺胺嘧啶，按每千克体重 0.1 克（首次加倍），每天 2~3 次。肌内注射青霉素 20 万~40 万单位或链霉素 0.5 克，每天 2~3 次。直至体温下降为止。

二、羊外科疾病

1. 创伤

羊体深部组织发生损伤，并伴有皮肤、黏膜破损，称为创伤。创伤可分为新鲜创伤和化脓性感染创伤。新鲜创伤包括新鲜手术创伤和新鲜污染创伤，新鲜污染创伤是指伤后 12 小时以内，伤部虽被污染但还没有出现感染症状的创伤；化脓性感染创伤是指创内有大量细菌侵入，出现化脓性炎症的创伤。

（1）**机械性损伤** 是由机械性刺激作用所引起的损伤，包括开放性损伤和非开放性损伤（图 7-25、图 7-26）。

（2）**物理性损伤** 因物理因素引起的损伤，如烧伤、冻伤、电击及放射性损伤等。

（3）**化学性损伤** 是由化学因素引起的损伤，如化学性热伤及强刺激剂引起的损伤等。

（4）**生物性损伤** 由生物性因素引起的损伤，如各种细菌和毒素引起的损伤等。

 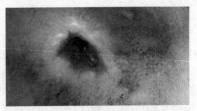

图 7-25　撕裂伤（开放性损伤）　　　　图 7-26　刺伤（非开放性损伤）

新鲜创伤的临床特点是出血、疼痛和创口裂开。伤后时间较短，创内尚有血液流出或存有血凝块，且创内各部分组织的轮廓仍能识别，有的虽被严重污染，但未出现创伤感染症状。严重创伤有不同程度的全身症状。

化脓性感染创伤的特点是创面脓肿、疼痛，局部增温，创口不断流出脓汁或形成很厚的脓痂，有时出现体温升高。随着化脓性炎症的消退，创面出现新生肉芽组织，称为肉芽创。正常肉芽组织比较坚实，呈红色平整颗粒，表面附有少量黏稠的、灰白色的脓性物。

本病外观症状明显，易与其他病相区别。

新鲜创面，不必清洗，可用消毒纱布盖住创面，在创面周围剪毛，消毒后撒布消炎粉及其他防腐生肌药。如有出血，应外用止血粉撒布创面，必要时可用安络血（卡巴克洛）、维生素 K_3 或氯化钙等全身性止血药，并用 3% 双氧水（过氧化氢）、0.1% 高锰酸钾溶液冲洗创面污物，然后用生理盐水冲洗，擦干，撒布。如创面大，创口深，撒布上述药物后需进行缝合。

化脓性感染创伤应先扩创排脓，剪掉或切除坏死组织，然后用 3% 双氧水（过氧化氢）、0.1% 高锰酸钾或 0.1% 新洁尔灭等冲洗创腔。最后用松碘流膏（松榴油 15 克、5% 碘酊 15 毫升、蓖麻油 500 毫升）纱布条引流。有全身症状时可适当选用抗菌消炎类药，并注意强心解毒。

肉芽创应先清理创围，并用生理盐水冲洗。然后局部选用刺激性小、能促进肉芽组织和上皮生长的药物，如松碘流膏、3% 甲紫等。肉芽组织赘生时，可用硫酸铜腐蚀，也可用烙烧法去除赘生肉芽。

2. 结膜炎

结膜炎是指眼结膜受到外界刺激和感染而引起的炎症，是绵羊和山羊的一种常见病，夏季多发。结膜充血、发炎、流泪及分泌物增多为本病的特征。

病因分析 羊舍环境污浊、氨气过浓和环境灰尘多，均可刺激羊眼，引起发病。放牧时，野草籽进入羊眼而引起异物性结膜炎。在炎热夏季，蝇、灰尘和长草对病原的散播，容易传染结膜炎。气候较冷的季节，由于羊的拥挤，互相接触，容易扩大传染。

临床症状 主要表现为结膜发炎，严重发病时，可涉及角膜。疾病初期，病羊流泪，眼睛下部皮肤变湿。检查时，可见结膜发红，角膜混浊，继而眼分泌物变稠（图 7-27）。当化脓性细菌侵入损伤的结膜囊时，常引起化脓性结膜炎，病眼有较多的眼眵，常使上下眼睑被脓汁黏着。本病一般在 2 周之内可以痊愈。偶尔发生角膜溃疡，有时引起角膜穿孔，可致眼球内液体流出，预后不良。

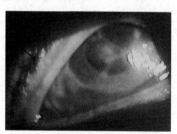

图 7-27 病羊角膜混浊

类症鉴别

病名	与羊结膜炎的相似点	与羊结膜炎的不同点
羊角膜炎	二者均表现眼有分泌物，畏光，流泪，眼睛不能睁大	羊角膜炎病例角膜混浊（灰白），严重时角膜周缘有红晕
羊眼睑炎	二者均表现眼结膜潮红、出血，流泪，眼睑有脓性干痂	羊眼睑炎病例眼缘干痂剥去后，有脱毛溃疡面

1）对病羊迅速治疗，并进行隔离。

2）改善羊舍卫生条件，注意通风换气与光线，防止风尘的侵袭，严禁在羊舍内调制饲料。

3）防止羊眼受伤。

（1）除去病因　设法将病因除去。若是症候性结膜炎，则应以治疗原发病为主。若环境不良，应设法改善环境。

（2）遮断光线　将病羊放在暗舍内或装眼绷带。当分泌物量多时，以不装眼绷带为宜。

（3）滴眼膏或眼药水　一般而言，滴用抗生素眼药水，每天应用 2~3 次，具有良好疗效。也可采用抗生素眼膏如氯胺苯醇眼膏或氯唑西林眼膏。有些病例不经治疗可以自愈。当眼分泌物多而浓稠时，可用生理盐水或 2%~3% 的硼酸水进行冲洗，然后应用眼膏或眼药水。

（4）对症治疗

①急性卡他性结膜炎：充血显著时，初期冷敷；分泌物变为黏液时，改为温敷，再用 0.5%~1% 硝酸银溶液点眼（每天 1~2 次）。用药后经 10 分钟，用生理盐水冲洗，防止过剩的硝酸银分解，且可预防银沉着。若分泌物减少趋于收缩时，可用收敛药，如 0.5%~1% 硫酸锌溶液（每天 2~3 次）。疼痛明显时，可用 1%~3% 普鲁卡因溶液点眼。转为慢性时可用 0.2%~2% 硫酸锌溶液点眼。

②慢性结膜炎：治疗以刺激温敷为主，局部可用较浓的硫酸锌或硝酸银溶液，轻擦上下眼睑，擦后立即用硼酸水冲洗，然后再进行温敷。

三、羊产科疾病

1. 流产

流产又称妊娠中断。母羊妊娠以后，如果发生胚胎被母体吸收，或者排出死亡的或未足月的胎儿，均称为流产。山羊发生流产较多，绵羊较少见。流产胎儿具有生活力的最低妊娠期，羊为四个半月。当胎儿尚有生活力时，称为"早产"，若已达到最低妊娠期而在死亡以后产出，称为"死产"。

病因分析

根据发生原因的不同，可以将流产分为两类：一类是由传染性原因所引起，如布鲁氏菌病、沙门菌病、胎儿弯曲菌病和边界病等。另一类是由非传染性原因所引起，如子宫瘢痕及子宫与腹膜粘连、子宫畸形，胎盘出血或脐带捻转，胎儿畸形等；母体生理异常，如母体营养不足，如长时间绝食或长期饥饿；内科病，如肺炎、肾炎、有毒植物中毒、食盐中毒、农药中毒等；营养代谢病，如无机盐缺乏、微量元素不足或过量、维生素 A 或维生素 E 不足等；由于日常饲养管理不当而引起，如羊自己滑跌、受其他羊只抵撞或羊腹部受到踢打，以及羊只经过狭窄的通路而使腹部受到强度挤压等；吃发霉或冰冻饲料，饮用冷水；药物作用如在治疗发热性疾病时，给予地塞米松，也可引起流产。

临床症状

流产通常在胎儿死亡后 3 天以内发生，其症状因妊娠期的长短而异。突然发生流产者，一般无特殊表现。妊娠初期流产者，胎儿及胎盘尚小，与子宫黏膜结合较松，故经过较速。妊娠越到后期，则症状越近似正常分娩。故发生于妊娠后半期时，可以偶然见到乳房膨大，乳头充血。食欲、反刍、体温及脉搏等虽无多大异常，而举动不安，则为流产象征。以后阴门流血，有丝状黏液自阴门下悬，最后胎儿与胎衣先后

图 7-28　病羊流产

排出（图 7-28）。胎儿成熟期发生流产者，因胎儿过大，或因死胎的胎位及胎势不易发生变化，或因子宫收缩力不足，子宫口开张不全，致胎儿不能产出，即发生难产。此时可见到母羊食欲减退、不安静、常努责，阴门流出血色黏液，经时较久，可使体温增高、精神委顿。此种情况下，必须实行助产手术。如果未将死胎排出，即会发生胎儿浸软分解、腐败分解或干尸化等结局。

类症鉴别

病名	与母羊流产的相似点	与母羊流产的不同点
母羊假孕	二者均表现配种后腹部逐渐增大，预产期内胎儿消失	母羊假孕病例在妊娠过程中摸不到胎儿，临产前乳房可以挤出乳汁，不见分娩，原来膨大的腹部即缩小
母羊布鲁氏菌病	二者均表现未到预产期即流产	母羊布鲁氏菌病病例流产多发生在妊娠后 30~60 天，而无外来因素（剧烈运动、踢碰）而发生；胎儿胎盘部分溶解，胎儿内脏出血，肝炎、肺炎、心内膜炎；用胎儿内脏涂片，沙黄 – 亚甲蓝染色，布鲁氏菌呈红色

1）加强饲养管理，重视传染病的防治，定期检疫、预防接种、驱虫和消毒。

2）凡遇到疾病，要即时诊断，及早诊断，及早治疗，谨慎用药。

3）变更饲养管理时，应该逐渐改变，不可过于突然，以免由于不习惯而忽然显出有害作用。

4）不应喂给妊娠羊不良饲料、雪及冰水。为了避免由于拥挤而发生流产，应准备足够的饲槽，把饲料均匀地放在槽底。

5）防止妊娠羊抵斗、剧烈运动或摔倒。放牧妊娠羊时，必须缓慢，以免因过度疲劳而破坏母体和胎儿之间的气体交换，以致引起流产。

6）发生流产时，先行隔离消毒，一边查明病因，一边进行处理，以防传染性流产传播扩散。

治疗
方法

在发现前驱症状时，可试用以下各种疗法：对有流产征兆而胎儿未被排出及习惯性流产，应全力保胎，以防流产，可用黄体酮（含 15 毫克），1 次肌内注射；如果胎儿已发生尸化，为了排出胎儿，可皮下注射妊娠羊（6~8 个月）的新鲜尿 25~30 毫升，通常在注射后 2~4 天，胎儿即被排出；如果胎儿已发生腐败，首先应给子宫腔内注入高锰酸钾溶液（1:5000）100 毫升，然后灌入植物油，使胎儿和子宫壁分离，之后用产科钩或产科套拉出胎儿，也可用纱布条绑住颈部或用钳子夹住下颌骨骨体向外拉。

对于排出不足月胎儿或死亡胎儿的母羊，一般不需要特殊处理，但需要加强营养。对于安哥拉山羊的习惯性流产，可将母羊淘汰，只对发育良好的健康母羊配种。

2. 难产

难产指分娩过程发生困难，母羊不能将胎儿顺利地由阴道排出体外。

主要病因有母羊阵缩及努责微弱，阵缩及努责过强，骨盆狭窄和产道狭窄；胎儿姿势不正（胎势不正），位置不正（胎位不正），方向不正（胎向不正），胎儿过大，双胎难产，胎儿畸形等。

绵羊胎儿的产出时间为 15 分钟至 2.5 小时，双胞胎间隔时间为 5~6 分钟，山羊胎儿的产出时间为 30 分钟至 4 小时，双胞胎间隔时间为 5~15 分钟。难产多发生于超过预产期。妊娠羊表现极度不安，不时徘徊，阵缩及努责，呕吐，阴唇松弛湿润，阴道流出胎

水、污血及黏液，时而回头顾腹及阴部，但经 1~2 天仍不产仔，有的外阴部夹着胎儿的头或腿，长时间不能产出（图 7-29）。随难产时间的延长，妊娠母羊精神变差，痛苦加重，表现呻吟、爬动、精神沉郁、心率加快、呼吸加快、阵缩减弱。病至后期阵缩消失，卧地不起，甚至昏迷。

图 7-29　胎儿前肢没有出来，头部因为静脉回流受阻而水肿

诊断

绵羊的妊娠期一般为 145~155 天，平均为 150 天；山羊的妊娠期为 131~159 天，平均为 150 天。难产多发生于超过预产期。难产时持续努责，而不见胎儿产出，有的虽已见胞衣露出阴门外，而不见胎儿排出，有时一条前（后）肢进入阴道。有时颈部或尾部顶于骨盆口。努责现象随着分娩延迟而逐渐减弱，即使胎衣（俗称"水淋子"）露出阴门很久也不见努责，说明胎儿已难产。

预防措施

1）加强饲养管理，对于留作繁殖用的母羊，从小就要保证发育良好，体格健壮。分群饲养，供给必需的条件，保持妊娠期间母羊的体况良好，但不可过肥。对于接近预产期的母羊，应再进行分群，特别多加照管。

2）准备好分娩场所，天气温暖时，可在露天生产，但必须备有羊棚，以防天气突然变化时应用。在大牧场，应备有较大的、环境良好的产圈或产棚，并应装分娩栏。每个分娩栏大小约为 1.5 米^2，可排列成行，将临产羊和产后羊放于栏内，由经验丰富的饲养员护理。清晨和傍晚，母羊分娩较多，应该有专人值班，特别注意接产。

3）在分娩过程中，要尽量保持环境安静；接产人员不要高声喧哗，也不要让犬在羊群中惊扰。对于分娩的异常现象，要做到尽早发现，及时处理。当发现分娩时间过长时，即应进行产道检查，根据反常情况进行助产。只要发现及时，母羊还有分娩力量，稍微加以帮助，即容易产出，可以防止发生严重的难产。

助产

为了保证母子安全，对于难产羊必须进行全面检查，即时进行人工助产术；必要时可进行剖宫产手术。

（1）助产原则

①当发现难产时，应及早采取助产措施。助产越早，效果越好。

②使母羊成为前低后高或仰卧（有时）姿势，把胎儿推回子宫内进行矫正，以便利于操作。

③如果胎膜未破，最好不要弄破。因为当胎儿周围有液体时，比较容易产出。但当胎儿的姿势、方向、位置复杂时，就需要将胎膜穿破，及时进行助产。

④如果胎膜破裂时间较长，产道变干，就需要注入液状石蜡或其他油类，以利于助产手术的进行。

⑤将刀子、钩子等尖锐器械带入产道时，必须用手保护好，以免损伤产道。

⑥所有助产动作都不要过于粗鲁。一般来说，只要不是胎儿过大或母体过度疲乏，仅仅需要将胎儿向内推，校正反常部分，即可自然产出。如果需要人力拉出，也应缓缓用力，使胎儿的拉出和自然产出一样。因为羊的子宫壁较马、牛薄，如果在矫正或拉出时过于粗鲁，容易造成子宫穿孔或破裂。

⑦在矫正之后，如果一个人用一定的力量还不能拉出胎儿，或者胎儿过大、畸形、肿大时，就需考虑施行截胎术或剖宫产术。

（2）助产时间 当母羊开始阵缩超过4~5小时，未见羊膜绒毛在阴门外或阴门内破裂（绵羊时间为15分钟至2.5小时，双胞胎间隔时间为5~6分钟，山羊时间为30分钟至4小时，双胞胎间隔时间为5~15分钟），母羊停止阵缩或阵缩无力时，需迅速进行人工助产，不可拖延时间，以防羔羊死亡。

（3）助产准备 助产前询问羊分娩时间，是否初产或经产，看胎膜是否破裂，有无羊水流出，检查全身状况。

①保定母羊：一般使羊侧卧，保持安静，让前肢低、后躯稍高，以便于矫正胎位。

②消毒措施：对手臂、助产用具进行消毒；对阴门外周，用5000倍新洁尔灭溶液进行清洗。

③产道检查：检查产道有无水肿、损伤、感染，产道表面干燥和湿润状态。

④胎位、胎儿检查：确定胎位是否正常，判断胎儿死活。胎儿正产时，手入阴道可摸到胎儿嘴巴、两前肢，两前肢中间夹着胎儿的头部，可用手牵拉胎儿舌头或压迫其眼睛，看是否有反应；当胎儿倒生时，手入产道可摸到胎儿尾巴、臀部、后蹄，以手压迫胎儿或手指伸入其肛门，如有反应，表示尚存活。

（4）助产方法

①胎位不正的处理：常见的难产有头颈侧弯、头颈下弯、前肢腕关节屈曲、肩关节屈曲、胎儿下位、胎儿横向、胎儿过大等，可按不同的异常产位将其矫正，然后将胎儿拉出产道。

②进行剖宫产：子宫颈扩张不全或子宫颈闭锁，胎儿不能产出，或骨骼变形，致使骨盆腔狭窄，胎儿不能正常通过产道，在此情况下，可进行剖宫产急救胎儿，保护母羊的安全。

③阵缩及努责微弱的处理：皮下注射麦角新碱1~2毫升。必须注意，麦角制剂只限于子宫颈完全开张，胎势、胎位及胎向正常时方可使用，否则易引起子宫破裂。

④双羔的处理：当羊怀双羔时，可遇到双羔同时将一肢伸出产道，形成交叉的情况。由此形成难产，应分清情况，辨明关系。可触摸到腕关节确定前肢，触摸到跗关节确定后肢。若遇交叉，可将另一只羊的肢体推回腹腔，先整顺一只羔羊的肢体，将其拉出产道；再将另一只羊的肢体整顺、推回、拉出。切忌将两只羊的不同肢体误认为同只羔羊的肢体。

3. 新生羔羊窒息

新生羔羊窒息也称新生羔羊假死，其主要特征是刚出生的羔羊发生呼吸障碍或没有呼吸而仅有心跳，如抢救不及时，往往死亡。

1）分娩时产出时间拖延或胎儿排出受阻，胎盘水肿，胎囊破裂过晚，倒生时脐带受到压迫，脐带缠绕，子宫痉挛性收缩等，均可引起胎盘血液循环减弱或停止，使胎儿过早地呼吸，吸入羊水而发生窒息。

2）对接产工作组织不当，严寒的夜间分娩时，因无人照料，使羔羊受冻太久。

3）母羊贫血或患严重的热性病时，血内氧气不足，二氧化碳积聚多，刺激胎儿过早地发生呼吸反射，以致将羊水吸入呼吸道。

轻度窒息时，羔羊软弱无力，黏膜发绀，舌伸出口角，口腔和鼻孔充满黏液；呼吸徐缓，张口喘气，心跳快而弱，肺部有湿啰音，特别是喉和气管更为明显。

严重的病例，羔羊呈假死状态，全身松软，横卧不动，舌外垂，黏膜和皮肤苍白，眼睑闭合，反射消失，呼吸停止，只是心脏有微弱跳动。

诊断

1）虽然不见呼吸动作，但羔羊口腔黏膜粉红、有光泽。

2）用手触摸心脏部位，有跳动感觉。

预防措施

在产羔季节，应进行严密的组织安排，夜间必须有专人值班，及时进行接产，对初生羔羊精心护理。在分娩过程中，正确及时地进行接产、助产、处理难产；抢救窒息的羔羊时，动作要准确迅速，分秒必争，措施无误。如果母羊有病，在分娩时应迅速助产，避免延误而发生窒息。

治疗方法

根据假死程度的不同，采取不同的急救措施。不管采用哪一种方法治疗，都必须争取时间及早进行。如果羔羊尚未完全窒息，还有微弱呼吸时，应立即将羔羊倒置提起，用双手按至胸部两侧，用手轻轻地有节奏地压动胸廓部位，帮助空气进入肺部，刺激呼吸反射，同时促进排出口腔、鼻腔和气管内的黏液和羊水，并用干净布擦干羊体，然后将羔羊泡在温水中，使头部外露。稍停留之后，取出羔羊，用干布迅速摩擦身体，然后用毡片或棉布包住全身，使羊嘴张开，用软布包舌，每隔数秒钟，把舌头向外拉动 1 次，使其恢复呼吸动作。待羔羊复活以后，放在温暖处进行人工哺乳。

若已不见呼吸，必须在除去鼻孔及口腔内的黏液及羊水之后，施行人工呼吸。有条件的，可进行输氧疗法。同时注射尼可刹米、洛贝林 0.5 毫升。也可以将羔羊放入37℃左右的温水中，让头部外露，用少量温水反复洒向心脏区，然后取出羔羊，用干布摩擦全身。

给脐动脉内注射 10% 氯化钙 2~3 毫升。因为在脐血管和脐环周围的皮肤上，广泛分布着各种不同的神经末梢网，形成了特殊的反射区，所以从这里可以引起在短时间内失去机能的呼吸中枢的兴奋。

4. 阴道脱

本病的特征是阴道壁的部分或全部从阴门中向外脱出，引起阴道黏膜充血、发炎，甚至形成溃疡或坏死。本病常发生于妊娠末期及分娩以后，以妊娠末期为最多，山羊比绵羊多见，圈养羊多发。

病因
分析

主要是由于饲养管理不当所引起，如全身虚弱、缺乏运动、疲劳过度，以及饲料品质不良、缺乏矿物质或给量不足，或者羊只过肥，常可引起全身组织紧张性降低；胎次较多的母羊和胎盘分泌雌激素过多的母羊，由于骨盆腔和阴道壁的结缔组织及外阴松弛，容易发生本病。母羊妊娠末期，在卧下时由于后躯位置低，而腹腔内容物对阴道壁的压力增高也可引起本病的发生。因为生殖器官受到刺激而努责过度，如难产及胎衣不下时的剧烈努责，妊娠羊严重的腹泻，可能引起阴道完全脱出。

临床
症状

病初，当羊卧下时，可以看到阴道上壁的黏膜向外凸出，起立时又退缩而消失，这时称为阴道外翻或阴道不完全脱出。疾病继续发展时，则可见一个大而圆的粉红色肿瘤样物露出阴门之外（图 7-30），羊站立时也不复原，称为阴道完全脱出，阴道黏膜往往红肿干燥。在山羊中，有时可以看到阴道完全脱出数分钟，即又复原。发病以前常有消化道发炎的症状。有时阴道脱出的程度很大，从外面就可看到子宫颈，子宫颈口充有黏液。当接触到硬物体时，容易引起出血。这种现象只见于努责剧烈而频繁，以及单胎的情况下。

图 7-30　病羊阴道壁向外凸出，形成一个大而圆的肿瘤样物

类症
鉴别

病名	与母羊阴道脱的相似点	与母羊阴道脱的不同点
母羊子宫脱	二者均表现大而圆的粉红色肿瘤样物露出阴门之外	母羊子宫脱病例多在产后发生，凸出物比较大，还可见到子宫黏膜子叶
羊直肠脱	二者均表现在母羊尾根下有拳头大凸出的黏膜球状物	羊直肠脱病例的黏膜球状物是自尾根下肛门脱出的

预防
措施

本病主要是因为饲养管理不当而引起，所以在预防时首先应该改善妊娠母羊的饲养条件，并且每天要保证适量的运动，及时防治便秘、腹泻、瘤胃臌气等疾病。在妊娠前 1/3 时期不可过于肥胖。羊舍地面的倾斜度不宜太大。在妊娠的后 1/3 时期，不可用大车或汽车运输妊娠羊。

治疗
方法

1）阴道脱出不大时，不需要治疗。但在发生污染和创伤时，应用 2% 明矾溶液冲洗。为了防止阴道壁反复脱出，必须使羊的后躯站高；为此可将羊拴在狭窄的羊栏内，绳子拴短，限制其活动，然后放一块向前倾斜的木板，或者给后躯多垫些褥草。

2）在完全脱出时，应立即进行整复。整复的方法与步骤如下：先用温水灌肠，使肠内空虚，再用温开水清洗阴道的脱出部分及其周围，然后用 2% 的明矾水洗涤，让血管及组织收缩变小；使羊后部站高，或者将羊放倒后躯垫高，然后进行整复；整复时应当用手指将脱出部分推向前上方，逐渐推入骨盆腔内，如果因山羊努责而妨碍操作时，应内服白酒 200 毫升左右，使之镇静；在完全推入骨盆腔以后，将手指伸入阴道，展平阴道黏膜上的皱襞。为了减轻刺激和促进组织收缩，可用 3% 的明矾溶液灌入阴道。

当脱出的阴道水肿时，可用针头刺破黏膜使渗出液流出，待阴道水肿减轻、体积缩小后再进行修复。局部损伤处结痂者，先除去结痂块，清理坏死的组织，然后进行修复。为了防止重复脱出，可用阴门固定器压迫并固定，也可用粗缝合线缝合阴门。缝合之前必须消毒术区。不要缝得过紧，但必须让缝线穿过组织深部，以免撕裂阴唇。山羊比较敏感，努责较强，因此应该多缝几针。除了在阴门下角留一小孔以便排尿外，将其余部分都应尽量缝合起来。在临分娩之前方可去除阴门固定器或抽掉缝线，以免在母羊努责时扯破阴门组织。

5. 胎衣不下

胎儿出生以后，绵羊排出胎衣的正常时间为 2~6 小时，山羊为 1~5 小时，如果在分娩后超过 14 小时胎衣仍不排出，即称为胎衣不下。本病在山羊和绵羊中都可发生。

发病原因包括下列两大类：

产后子宫因多胎、胎水过多、胎儿过大及持续排出胎儿而伸张过度，出现收缩不足。饲料的质量不好，特别是当饲料中缺乏维生素、钙盐及其他矿物质时，容易使子宫发生弛缓。妊娠期，尤其是在妊娠后期，母羊缺乏运动或运动不足，往往会引起子宫弛缓，因而胎衣排出很缓慢。分娩时母羊肥胖，可使子宫复旧不全，因而发生胎衣不下；流产和其他能够降低子宫肌内和全身张力的因素，都能使子宫收缩不足。

患布鲁氏菌病的母羊常因胎儿胎盘和母体胎盘发生黏着而发生胎衣不下，究其原因，有以下两种情况：一是妊娠期子宫内膜发炎，子宫黏膜肿胀，使绒毛固定在凹穴内，即使子宫有足够的收缩力，也不容易让绒毛从凹穴内脱出；二是当胎膜发炎时，绒毛也同时肿胀，因而与子宫黏膜紧密粘连，即使子宫收缩，也不容易脱离。

胎衣可能全部不下，也可能是一部分不下。未脱下的胎衣经常垂吊在阴门之外（图7-31）。病羊背部拱起，时常努责，有时由于努责剧烈可能引起子宫脱出。如果胎衣能在14小时以内全部排出，多半不会发生什么并发症。但若超过1天，则胎衣会发生腐败，尤其是气候炎热时腐败更快。从胎衣开始腐败起，即因腐败产物引起中毒，而使羊的精神不振，食欲减退，体温升高，呼吸加快，乳量降低或泌乳停止，并从阴道中排出恶臭的分泌物。由于胎衣压迫阴道黏膜，可能使其发生坏死。本病往往并发败血症、破伤风或气肿疽，或者造成子宫或

图7-31　山羊胎衣垂吊在阴门之外

阴道的慢性炎症。如果羊只不死，一般在5~10天内全部胎衣发生腐烂而脱落。山羊对胎衣不下的敏感性比绵羊大。

病名	与母羊胎衣不下的相似点	与母羊胎衣不下的不同点
母羊子宫脱	二者均表现在分娩后发生，阴门外悬挂暗红色囊状物	母羊子宫脱病例脱出的子宫比胎衣厚，阴道黏膜与子宫同时脱出，阴唇四周无空隙；还可见到脱出的子叶水肿、破溃
母羊子宫炎（化脓性）	二者均表现体温高，沉郁，有时拱背努责，多产后发生	母羊子宫炎病例产后胎衣曾完全排出

加强妊娠羊的饲养管理，饲料的配合应不使妊娠羊过肥；饲喂含钙及维生素丰富的饲料。舍饲羊每天必须保证适当的运动。临产前1周减少精料，分娩后让母羊自行舔食羔羊身体上的黏液，可能条件下可灌服羊水，并尽早让羔羊吮乳。分娩后立即静脉注射葡萄糖氯化钙溶液，或饮益母草当归水。

在产后14小时以内，可待其自行脱落。如果超过14小时，即须采取适当措施，因为这时胎衣已开始腐败，假若再滞留在子宫中，可以引起子宫黏膜的严重发炎，导致暂时的或永久的不孕，有时甚至引起败血症。故当超过14小时，应尽早采用以下方法进行治疗，绝不可强拉胎衣，以免扯断而将胎衣留在子宫内。

（1）皮下注射催产素　羊的阴门和阴道较小，只有手小的人才能进行胎衣剥离。如果将手勉强伸入子宫，不但不易进行剥离操作，反而有损伤产道的危险，故当手难以伸入时，只有皮下注射催产素2~3单位（注射1~3次，间隔8~12小时）。如果配合

用温的生理盐水冲洗子宫，收效更好。为了排出子宫中的液体，可以将羊的前肢提起。

（2）**手术剥离胎衣**　先用消毒液洗净外阴部和胎衣，再用鞣酸酒精溶液冲洗和消毒术者手臂，并涂以消毒软膏，以免将病原菌带入子宫。如果手上有小伤口或擦伤，必须预先涂擦碘酊，贴上胶布；用一只手握住胎衣，另一只手送入橡皮管，将高锰酸钾温溶液（1∶10000）注入子宫；手伸入子宫，将绒毛膜从母体子叶上剥离下来。剥离时，由近及远。先用中指和拇指捏挤子叶的蒂，然后设法剥离盖在子叶上的胎膜。为了便于剥离，事先可用手指捏挤子叶。剥离时应当小心，因为子叶受到损伤时可以引起大量出血，并为微生物的进入开放门户，容易造成严重的全身症状。

（3）**及时治疗败血症**　如果胎衣长久停留，往往会发生严重的产后败血症。其特征是体温升高，食欲消失，反刍停止。脉搏细而快、呼吸快而浅；皮肤冰冷（尤其是耳朵、乳房和角根处）。喜卧下，对周围环境十分淡漠；从阴门流出污褐色恶臭的液体。遇到这种情况时，应该及早进行以下治疗：青霉素 40 万单位，每 6~8 小时 1 次，链霉素 1 克，每 12 小时 1 次；用 1% 冷食盐水冲洗子宫，排出盐水后给子宫注入青霉素 40 万单位及链霉素 1 克，每天 1 次，直至痊愈；10%~25% 葡萄糖注射液 300 毫升、40% 乌洛托品 10 毫升，静脉注射，每天 1~2 次，直至痊愈。

6. 产后瘫痪

产后瘫痪是分娩后突然发生的一种严重的神经疾病，又称乳热病或低钙血症。其特征为咽、舌、肠道和四肢发生瘫痪，失去知觉。山羊和绵羊均可患病，但以山羊比较多见。尤其在 2~4 胎的某些高产奶山羊中，几乎每次分娩以后都重复发病。

舍饲、产乳量高及妊娠末期营养良好的羊只，如果饲料营养过于丰富，都可能发病。由于血糖和血钙降低。据测定，病羊血液中的糖分及含钙量均降低，可能是因为大量钙质随着初乳排出（或者是因为初乳含钙量太高所致）。胎儿发育迅速消耗钙质过多，大脑抑制动用骨骼中钙的能力降低；从肠道中吸收钙的量减少等。其原因是降钙素抑制了副甲状腺素的骨溶解作用，以致调节过程不能适应，而变为低钙状态，而引起发病。

病初羊全身抑郁，食欲减退，反刍停止，后肢软弱，步态不稳，甚至摇摆。有的绵羊弯背低头，蹒跚走动。由于发生战栗和不能安静休息，呼吸常见加快。这些初期症状维持的时间通常很短。此后羊站立不稳，在企图走动时跌倒。有的羊倒后起立很困难。有的不能起立，头向前直伸（图7-32），不吃，停止排粪和排尿。皮肤对针刺的反应很弱。少数病羊的知觉完全丧失，有极其明显的麻痹症状。舌头从半开的口中垂出，咽喉麻痹。针刺皮肤无反应。脉搏先慢而弱，以后变快，勉强可以摸到。呼吸深而慢。病的后期常常用嘴呼吸，唾液随着呼气吹出，或从鼻孔流出食物。病羊常呈侧卧姿势，四肢伸直，头弯于胸部，体温逐渐下降，有时降至36℃。皮肤、耳朵和角根冰冷，很像将死状态。有些病羊往往死于没有明显症状的情况下。例如，有的绵羊在晚上完全健康，而第二天早晨却见死亡。

图 7-32　病羊头向前直伸

<table>
<tr><th>病名</th><th>与母羊产后瘫痪的相似点</th><th>与母羊产后瘫痪的不同点</th></tr>
<tr><td>羊酮尿病</td><td>二者均表现食欲减少，精神沉郁，步态不稳，后肢软瘫，不能立，卧地不起</td><td>羊酮尿病病例呼出气及尿、乳汁有酮味，用钙剂疗法收效甚微，注射葡萄糖有明显效果</td></tr>
<tr><td>母羊妊娠毒血症</td><td>二者均表现食欲减退、废绝，卧地不起，产后瘫痪</td><td>母羊妊娠毒血症病例多发于妊娠后期，有意识障碍，转圈，昏睡，四肢痉挛；血检可见血总蛋白血糖减少，血酮增加，尿丙酮呈阳性</td></tr>
<tr><td>母羊产后败血症</td><td>二者均表现精神沉郁，卧地不起，反应迟钝</td><td>母羊产后败血症除急性病例迅速死亡外，亚急性型病初体温升高达 40~41℃，呈稽留热，眼结膜充血，微带黄色</td></tr>
</table>

（类症鉴别）

（预防措施）

　　根据钙在体内的动态生化变化，在实践中应考虑饲料成分配合，预防本病的发生。

　　1）在整个妊娠期间都应喂给富含矿物质的饲料。单纯饲喂富含钙质的混合精料，预防效果不理想，假若同时给予维生素 D，则效果较好。

　　2）产前应保持适当运动。但不可运动过度，因为过度疲劳反而容易引起发病。

　　3）对于习惯发病的羊，于分娩之后，及早应用下列药物进行预防注射：5% 氯化钙 40~60 毫升、25% 葡萄糖 80~100 毫升、10% 安钠咖 5 毫升混合，1 次静脉注射。

　　4）在分娩前和产后 1 周内，每天给予蔗糖 15~20 克。

治疗方法

（1）**补钙疗法**　静脉或肌内注射 10% 葡萄糖酸钙 50~100 毫升。

（2）**乳房送风法**　利用乳房送风器送风，如果没有乳房送风器时，可以用自行车的打气筒代替。首先使羊呈稍微仰卧姿势，挤出少量乳汁；用酒精棉球擦净乳头，尤其是乳头孔。然后将煮沸消毒过的导管插入乳头中，通过导管打入空气，直到乳房中充满空气为止。用手指叩击乳房皮肤时有鼓响音，为充满空气的标志。两侧乳房中都要注入空气。为了避免送入空气外逸，在取出导管时，应用手指捏紧乳头，并用纱布绷带轻轻地扎住每一个乳头的基部，经过 25~30 分钟将绷带取掉。将空气注入乳房各叶以后，小心按摩乳房数分钟。然后使羊四肢蜷曲伏卧，并用草束摩擦臀部、腰部和胸部，最后盖上麻袋或布块保温。注入空气以后，可根据情况考虑注射 50% 葡萄糖溶液 100 毫升。如果注入空气后 6 小时情况并不改善，应再重复做乳房送风。

（3）**其他疗法**

①补磷：当补钙后，病羊机敏活泼，欲起不能站立时，多伴有严重的低磷血症。此时可应用 20% 的磷酸二氢钠溶液 100 毫升，1 次静脉注射。

②补糖：随着钙的供给，血液中胰岛素的含量很快提高而使血糖降低，有时可引起低糖血症，故补钙的同时应当补糖。

7. 子宫炎

子宫炎是指母羊子宫黏膜发生炎症的一种常见的生殖器官疾病。在绵羊中，有时由于某种病原微生物传染而发生，可能成为显著的流行病，是导致母羊不孕的原因之一。

病因分析

常发生于流产前后，尤其是传染病引起的流产。这种子宫炎容易相互传染，如不及时采取防治措施，正常分娩的羊也难免受到感染；分娩时期圈舍不清洁，或接产过程消毒不严，容易引起发病；本病也常为阴道脱出、子宫脱出、胎衣不下及阴道炎、腹膜炎、胎儿死于腹中等导致细菌感染而引起的继发症。

临床症状

按其病理过程、发炎的性质可分为卡他性、出血性和化脓性子宫内膜炎，临床表现有急性和慢性 2 种情况。

（1）**急性**　病羊体温升高，食欲减少，反刍停止，磨牙，精神萎靡。常从阴门流出污红色腥臭的排出物，附着于阴门

图 7-33　山羊子宫炎

周围、尾部和后肢（图7-33），形成干痂。由于炎性渗出物的刺激，同时可使阴道及前庭发炎。有时由于病羊努责而发生阴道不全脱出。发病后期则不易站立，行走苦难，后肢踢腹，如为传染性子宫炎，则体温显著升高，病羊极度虚弱，泌乳停止，有时表现昏迷及血中毒现象，甚至造成死亡。

（2）**慢性** 多由急性转变而来，食欲稍差，阴门排出少量卡他性或脓性渗出物，发情不规律或停止发情，不易受胎。卡他性子宫炎有时可以变为子宫积液，造成长期不孕，但外表没有排出液，不易确诊，只能根据有子宫卡他性炎症的病史进行推测。症状稍明显的可见弓背，努责，做排尿姿势，体温稍微升高，经常从阴门流出少量脓性黏稠的分泌物。有些病例无临床症状，仅是屡配不孕。

类症鉴别

病名	与母羊子宫炎的相似点	与母羊子宫炎的不同点
母羊阴道炎	二者均表现阴门排黏性脓性液体，体温高	母羊阴道炎病例阴道检查，黏膜肿胀发炎，重时有损伤或溃疡

预防措施

1）加强饲养管理，保证配种公羊的卫生，防止发生流产、难产、胎衣不下和子宫脱出等疾病。

2）预防和扑灭引起流产的传染性疾病。

3）加强产羔季节接产、助产过程的卫生消毒工作，防止子宫受到感染。

4）抓紧治疗子宫脱出、胎衣不下及阴道炎等疾病。

治疗方法

严格隔离病羊，不可与分娩的羊同群饲喂；加强护理，保持羊舍的温暖清洁，饲喂营养丰富而带有轻泻性的饲料，经常供给清水；抓紧治疗急性子宫内膜炎，全身注射青霉素或链霉素，防止转为慢性；进行子宫冲洗及灌注，可用100~200毫升0.1%高锰酸钾、1%~2%小苏打、1%盐水冲洗子宫，每天1次或隔天1次。子宫内有较多分泌物时，盐水可改用3%盐水。促进炎性产物的排出，防止吸收中毒，并可刺激子宫内膜产生前列腺素，有利于子宫机能的恢复。

冲洗后灌注青霉素40万单位，子宫内给予抗生素药物，由于子宫内膜炎的病原菌非常复杂，且多为混合感染，宜选用抗菌范围广的药物，如四环素、庆大霉素、卡那霉素、金霉素、诺氟沙星等。可将抗生素药物0.5~1克用少量生理盐水溶解，做成溶液或混悬液，用导管注入子宫，每天 2 次。在子宫内有积液时，可注射雌二醇 2~4 毫克，4~6 小时后注射催产素 10~20 单位，促进炎症产物排出。

8. 乳腺炎

乳腺炎是乳腺、乳池、乳头局部的炎症。多见于绵羊、山羊的泌乳期，根据发病原因及病的发展程度又可分成若干种。奶山羊患乳腺炎以后，往往可使奶质变坏，不能饮用。有时由于患部循环不好，引起组织坏死，甚至造成羊只死亡。

病因分析 挤奶人员技术不熟练或者挤奶方法不正确，损伤了乳头、乳腺体，或挤奶人员手臂不卫生，羔羊咬伤乳头，乳头受到细菌感染等均可引发本病。山羊一般为链球菌及葡萄球菌，绵羊除这两种球菌外，还有化脓杆菌、大肠杆菌及巴氏杆菌等。乳用羊还可以见到结核性乳腺炎。此外，无论是在山羊还是绵羊的乳房中，都可遇到假分枝杆菌，这种细菌可使乳房中生成脓性溃疡，损坏乳腺功能。分娩后挤奶不充分，奶汁积存过多，乳房外伤可引起本病。患感冒、结核、口蹄疫、子宫炎等疾病也可引起本病。

临床症状 病初羊无临床症状，奶汁无大变化。严重时，由于高度发炎及浸润，使乳房发肿发热，变为红色或紫红色。用手触摸乳房，羊只感到疼痛，挤奶困难，乳量也大为减少。乳汁中常混有脓液或血液，故呈黄色或红色。患出血性乳腺炎时，乳汁呈浅红色或血色，内含小片絮状物，乳房剧烈肿胀，异常疼痛（图 7-34、图 7-35）。如果发生坏疽，手摸时感到冰凉。由于行走时后肢摩擦乳房而感到疼痛，因此发生跛行或不能行走。病羊食欲不振，头部下垂，精神萎靡，体温升高。检查乳汁时，可以发现葡萄

图 7-34　病羊乳房肿胀、发红

图 7-35　病羊乳房肿大，乳汁稀薄

球菌、化脓杆菌、链球菌及大肠杆菌等，但各种细菌不一定同时存在。如为混合感染，病势则更为严重。

诊断

乳房肿大，大部分有热痛，泌乳量剧减或无乳，乳汁变稀水样，含有絮片或脓液或血。诊断注意与母羊血乳病相区别。二者均表现乳中有血液，皮肤发红。但二者不同在于：母羊血乳病病例乳房不发炎，乳中有血液和凝血块，无絮片。

预防措施

1）避免乳房中奶汁积留，如果奶量较大，羔羊吃不完的奶存留在母羊乳房内，易引起乳腺炎；经常洗刷羊体，尤其是乳房部，以除去疏松的被毛及污染物；每次挤奶以前必须洗手，并用开水或漂白粉溶液浸过的布块清洗，然后再用干净布擦干。

2）保持羊棚清洁，定时清除粪便及不干净的垫草，更换干燥洁净的垫草。

3）产奶山羊及哺乳绵羊要注意保暖，特别是在雨雪天气时更应多加注意；哺育羔羊的绵羊，最好多进行放牧，这样不但可以预防乳腺炎，而且可以避免发生其他疾病。

4）在挤病羊奶时，应另用一个容器，病羊的奶应该毁弃，以免传染，并应经常清洗及消毒容器。

治疗方法

及时隔离病羊，然后进行治疗。治疗方法可分为局部治疗及全身治疗 2 种。

（1）局部治疗

①进行乳房冲洗灌注：先挤净坏奶，用生理盐水 50~100 毫升注入乳池，轻轻按摩后挤出，连续冲洗 2~3 次。最后用生理盐水 40~60 毫升，溶解青霉素 20 万单位，注入乳池，每天 2~3 次。

②进行冷敷，并用抗生素消炎：初期红、肿、热、痛剧烈的，每天冷敷 2 次，每次 15~20 分钟。冷敷以后，用 0.25%~0.5% 普鲁卡因 10 毫升，加青霉素 20 万单位，分为 3~4 个点直接注入乳腺组织内。

③出血性乳腺炎：禁止按摩，轻轻挤出血奶，用 0.25%~0.5% 普鲁卡因 10 毫升溶解青霉素 20 万单位，注入乳房内。如果乳池中积有血凝块，可以通过乳头管注入盐水 50 毫升，以溶解血凝块。

④乳房坏疽：最好进行切除。

⑤慢性炎症：用 40~45℃热水进行热敷，或用红外线灯照射，每天 2 次，每次

15~20 分钟，然后涂以 10% 樟脑软膏。

（2）全身治疗

①为了暂时制止泌乳机能，可行减食法，即减少精料给量。少喂多汁饲料，如青贮料、根菜类及青饲料；限制饮水。主要喂给优质干草，如苜蓿、三叶草及其他豆科牧草。因为采取减食疗法，故在病羊食欲减退时，不需要设法促进食欲。

②体温升高时，可灌服磺胺类药物，用量按每千克体重 0.07 克计算，4~6 小时 1 次，第 1 次用量加倍。或者静脉注射磺胺噻唑钠或磺胺嘧啶钠 20~30 毫升，每天 1 次。也可以肌内注射青霉素，每次 20 万~40 万单位，每天 2~3 次。

③应用硫酸钠 100~120 克，促进毒物排出和体温下降。

④如果乳腺炎很顽固，长时期治疗无效，而怀疑为特种细菌感染时，可采取奶汁样品，进行细菌检查。在病原确定以后，选用适宜的磺胺类药物或抗生素进行治疗。

⑤凡由感冒、结核、口蹄疫、子宫炎等病引起的乳腺炎，必须同对治疗这些原发病。

参 考 文 献

［1］范国雄.牛羊疾病诊治彩色图说［M］.北京：中国农业出版社，1998.

［2］陈怀涛.羊病诊断与防治原色图谱［M］.2版.北京：金盾出版社，2012.

［3］董彝.实用羊病临床类症鉴别［M］.北京：中国农业出版社，2004.

［4］程凌，郭秀山.羊的生产与经营［M］.2版.北京：中国农业出版社，2010.

［5］黄修奇，何英俊.牛羊生产［M］.北京：化学工业出版社，2009.

［6］王仲兵，郑明学.舍饲羊场疾病预防与控制新技术［M］.北京：中国农业出版社，2013.

［7］苗志国，常新耀.羊安全高效生产技术［M］.北京：化学工业出版社，2012.

［8］王林枫，辛国省.羊病诊治原色图谱［M］.郑州：河南科学技术出版社，2014.

［9］王玉琴，吴秋珏，李元晓.种草养羊实用技术［M］.北京：化学工业出版社，2015.

［10］陈万选.羊病快速诊治与科学养羊法［M］.北京：中国农业科学技术出版社，2015.

［11］马玉忠.羊病诊治原色图谱［M］.北京：化学工业出版社，2013.

［12］权凯.肉羊标准化生产技术［M］.北京：金盾出版社，2011.

［13］程俐芬.图说如何安全高效养羊［M］.北京：中国农业出版社，2015.

［14］辛蕊华，郑继方，罗永江.羊病防治及安全用药［M］.北京：化学工业出版社，2016.

［15］刘炜，何晓中.羊病诊断与防治彩色图谱［M］.北京：中国农业科学技术出版社，2019.

［16］马玉忠.羊病诊治彩色图谱［M］.北京：中国科学技术出版社，2020.